● 2017年度教育部人文社会科学研究专项课题"全员育人:'同向同行'的平台设计与教师组织——以'大国方略'系列课为例",项目批准号:17JDSZ1013
● 上海高校思想政治理论课名师工作室——"顾晓英工作室"成果
● 上海市课程思政教学科研示范团队——"顾骏团队"成果

微信扫一扫
关注"顾晓英工作室"

人工智能课程直击

顾晓英　编著

上海大学出版社
·上海·

图书在版编目(CIP)数据

人工智能课程直击 / 顾晓英编著. —上海：上海大学出版社，2018.8

ISBN 978 - 7 - 5671 - 3229 - 0

Ⅰ.①人… Ⅱ.①顾… Ⅲ.①人工智能—基本知识 Ⅳ.①TP18

中国版本图书馆 CIP 数据核字(2018)第 196075 号

责任编辑 傅玉芳 徐雁华
庄际虹 陈 强

封面设计 柯国富

"人工智能"Logo 设计 米 乐

技术编辑 金 鑫 章 斐

人工智能课程直击

顾晓英 编著

上海大学出版社出版发行

(上海市上大路 99 号 邮政编码 200444)

(http://www.shupress.cn 发行热线 021 - 66135112)

出版人 戴骏豪

*

南京展望文化发展有限公司排版

江苏句容市排印厂印刷 各地新华书店经销

开本 710 mm×1000 mm 1/16 印张 15.25 字数 250 千

2018 年 8 月第 1 版 2018 年 8 月第 1 次印刷

ISBN 978 - 7 - 5671 - 3229 - 0/TP • 069 定价：38.00 元

写在前面

书随课而生。“课程是教育事业的核心，是教育运行的手段。没有课程，教育就没有了用以传达信息、表达意义、说明价值的媒介。”（泰勒语）课程是有目的的，课程是有组织的。2018年春季学期，已不间断累计开课31个学期的上海大学“大国方略”系列课程走入新阶段。学校主动对接“中国制造2025”等一系列国家战略，呼应国务院《新一代人工智能发展规划》，落实教育部新工科建设和《高等学校人工智能创新行动计划》要求，首开“人工智能”通识课程。课程引入新一代人工智能基础理论，以跨学科综合交叉、开启学生脑洞、放飞学生想象的方式，培养担当民族复兴大任的时代新人。团队同步编撰课程配套图书《人工智能课程直击》和《人与机器：思想人工智能》。

课随网而活。互联网时代带来课程全新形态。上海大学“创新中国”课程通过超星尔雅网络课程平台运行，全国600所高校的15万名学生选课，已获评2017年“首批国家精品在线开放课程”。“创业人生”“时代音画”和“经国济民”也已陆续上线。这些课程以学生为中心、以问题为中心。这次，团队继承“大国方略”系列课程之“大”，迅速转向教育部指向的新工科之“新”，率先试水开设“人工智能”通识教育选修课，不只关注人工智能技术，更聚焦自身看法和人类本身，切身感知人工智能带来的改变。学校同步制作同名在线开放课程，引领更多教师迎着扑面而来的人工智能浪潮，体验交互认知和交互认知的方法论，吸引更多学生选修“人工智能”网络课程。

师随书而在。教师是课程的主人，课堂教学既体现着教师对教育理论的领悟，又能体现教师的实践智慧。深刻体验并内在认同的理论和理念，才具有真正的指导价值和共享意义。教师的教学研究有助于自身获得职业生涯的旅途感和事业的认同感。《人工智能课程直击》是继《叩开心灵之门——思想政治理论课“项链模式”教与学实录》(2009)、《大国方略课程直击》(2015)、《创新中国课程直击》(2017)、《经国济民课程直击》(2018)之后，上海大学系列课程团队第五本展现课堂“原生态”的图书。它全景式地呈现了“人工智能”课堂内外、线上线下的教学实践过程，全方位地呈现了新工科背景下上海大学通识教育教学改革理念和理工类课程的课程思政新探索，不仅展示人工智能技术，更有教授们对人工智能的形而上思考。书中编录了课程班学生的观点与畅想，汇集了教学团队的辛勤付出。

生随课而思。如何在通识教育课程中挖掘思政要素？如何培养未来具有创造力的科学家和工程师？十周课程，多学科名师汇聚“人工智能”课堂，教授们用“听得懂、能领会”的话语，使学生一次次打开脑洞，被牵引着“走进”一个个陌生的领域，尝试着对人工智能的发展历史、整体结构、技术构成和运用场景做出自己的理解。学生领略着教授们对人工智能重大的技术优势、现有局限和可能突破的诠释，尝试着思考人机关系的多种模式，实现对人工智能技术和人类自身的跨学科认知，尝试着思考“中国机器人何时成为机器中国人”，致敬优秀的传统文化，找寻它与新一代人工智能研究之间的关联……

人工智能时代，我们该忧虑什么？未来在哪里？

与其恐惧，不如拥抱。

与其担心，不如奋斗。

开课一学期加上暑期，我们完成了“人工智能”的“一课两书”。

此刻，《人工智能课程直击》已经呈现在你面前……

顾晓英

2018年8月于上海

目 录

上篇 课程设计与研究

下篇 课程教学与反馈

2017—2018 学年春季学期

附录　课程成果与推广

上篇

课程设计与研究

放飞梦想　打开脑洞 着力培养担当民族复兴大任的时代新人

顾晓英

党的十九大明确了“培养担当民族复兴大任的时代新人”这一重大命题。奋力实现中华民族伟大复兴中国梦，需要一大批不忘初心、敢于担当、富有创造力的时代新人。习近平总书记强调“‘两个一百年’奋斗目标的实现、中华民族伟大复兴中国梦的实现，归根到底靠人才、靠教育”。

教育是人的灵魂的教育。高校立身之本，在于立德树人。培养担当民族复兴大任的时代新人，决定了我国高等教育的发展方向必须同这一目标紧密联系在一起，全面贯彻党的教育方针，坚定不移走自己的高等教育发展道路，扎实办好中国特色社会主义高校。做好高校思想政治工作，积极推动习近平新时代中国特色社会主义思想进教材、进课堂、进师生头脑，用中国梦激扬青春梦。在全国高校思想政治工作会议召开一周年之际，教育部发布《高校思想政治工作质量提升工程实施纲要》。纲要对提升高校思想政治工作质量做出顶层设计，规划了包括课程在内的“十大育人”体系的实施内容、载体、路径和方法，着力建构了“大思政”工作格局。

大学的教育能力包括教师的指导能力和学校的管理能力。课程教学的关键在教师。长期以来，国内高校在课程设置中，将专业类课程、通识教育课程等与思政课做了分割。思政课是对大学生进行思想政治教育的主渠道、主阵地。然而，量大面广的专业课和通识课同样承载着价值引领的使命。教师可以挖掘所讲授课程内蕴的思政教育资源，帮助大学生形成正确的世界观、人生观和价值观。

2011 年，上海大学全面启动大类招生和通识教育，迄今已建构了包括政治文明与社会建设、经济发展与全球视野、人文经典与文化传承、科技进步与生态文明、艺术修养与审美体验、创新思维与创业教育这六大模

块的贯穿本科四年的通识课程体系。学校建设并每学期面向本科生开设通贯古今中外，涵盖人文、社会和自然众多学科领域的 33 门核心通识课、200 余门通识课和 400 余门新生研讨课，让更多的优秀教师走近新生、引导学生。

2014 年起，上海大学以宏大叙事风格，开设"大课程"，从"大国方略"开始，先后打造"创新中国""创业人生""时代音画"和"经国济民"等通识教育选修课，形成课程系列。系列课程全部采用跨院系多学科教授联袂授课的"项链模式"，从不同视角和学科领域引导学生正确认识世界和中国发展大势，感受伟大时代，在"国家发展和个人前途的交会点上"思考未来、规划人生。系列课程开一门火一门，赢得学生喜爱，产生了强大的社会影响力，也形成了"立德树人"协同效应。四年来，"大国方略"系列课程团队辛勤耕耘，收获满满：100 位教授、50 名企业精英；6 门课程、5 门同名在线课程，300 多个夜晚不间断开课 32 轮；包括继续教育学院 4 000 名学生在内的万名本校学生修读，4 门同名在线课程已有近 1 000 所高校的 18 万名学生选修；已出版系列课程著作 9 部，发表论文数十篇；获评 2017 年首批国家精品在线开放课程 1 门，2017 年上海市高等教育教学成果特等奖 1 项，2017 年上海大学校长奖；获评"全国基层理论宣讲先进集体""上海市群众喜爱的培育和践行社会主义核心价值观项目""教育部第三届礼敬中华优秀传统文化示范项目"等。

2018 年春季，上海大学"大国方略"系列课程步入新阶段，开发的"人工智能"新课，引入新一代人工智能基础理论和核心关键技术，以跨学科综合交叉、开启学生脑洞、放飞学生想象的方式，培养担当民族复兴大任的一代新人。

一、"大国方略"系列课程："不是思政课的思政课"

设计什么样的通识教育，就代表了我们想培养什么样的人。优秀的通识教育课程内蕴着价值理念，必将对量大面广的选课学生产生强大的影响。优秀的通识课教师往往拥有更高更融通的学识和相对丰富的教学经验，具有更广阔的世界观和恒定的价值观，更能引领学生对社会现象及其背后深层次问题等作较为广泛的认识，进一步激发学生的学习兴趣，拓展学生学习的深度与广度，给学生指点迷津，开启心智。上海大学率先在思政课外创设"大国方略"系列课程，让思政课教师和专业课教师双向进入，有效增加思政教育的教学载体和课时供给，使党的创新理论在"第一时间”进课程、进课堂，系列课程就是一组精心策划运行的“不是思政课的思政课”。

（一）看懂大局、把握大势：首创“大国方略”

2014 年 11 月至今，上海大学面向全校本科生推出“大国方略”通识教育选修课。迄今，该课已连续开设 11 个学期，学生一座难求。课程团队得到各级领导的多次批示。2015 年 3 月，“大国方略”课程获评“上海市群众喜爱的培育和践行社会主义核心价值观项目”。同年 10 月，课程团队获得“全国基层理论宣讲先进集体”荣誉称号（全国共 33 项）。

2015 年 7 月，顾骏教授主编的《大国方略——走向世界之路》正式出版。该书“把理论融入故事，用故事讲清道理，以道理赢得认同”，重在让 90 后大学生了解国情、感受时代、认同国家，努力在把握历史机遇的同时，准备好为民族复兴有所担当、有所贡献，让青年人在中国历史转折的关键时刻，能看懂大局、把握大势。《大国方略——走向世界之路》获评第十四届上海图书奖提名奖。2016 年，《大国方略——走向世界之路》获评上海市第十一届中国特色社会主义理论研究和宣传优秀成果奖通俗读物（著作类）一等奖。

同年 8 月，顾晓英主编的《大国方略课程直击》正式出版，全书用丰富的图片见证了“大国方略”课程的教学现场情景，收集了浓缩 90 后学生真情的随堂反馈和网络论坛帖子，还呈现了部分校内外媒体对“大国方略”课程的报道。

（二）创新发展、报效祖国：“创新中国”

在国家大力推进创新发展的今天，大学生需要了解国家，更需要以创新创造报效祖国。在“大国方略”开课成功的基础上，2015 年冬季学期，顾骏和顾晓英老师趁热打铁，再度联袂策划“创新中国”通识教育选修课。

“创新中国”以学校强势学科为依托，吸引相关学科资深教授自愿参加，继续采用上海大学独创的“项链模式”，呼应“大国方略”站在世界看中国这条主线。课程根据主题转换，每个专题配置 3—4 名教师联袂登上讲坛，围绕同一个主题，教授们从自己擅长的学科角度讲授。“创新中国”继续引领学生站在世界看中国，思考“世界等待着什么、国家需要什么、上海承担什么、上海大学能做什么、大学生该学什么”等几大问题，让 95 后大学生了解国情，感受时代，培育创新思维，培养创新能力，报效国家。每堂课由专业教师从各自专业背景出发，让学生了解科学家与工程师创新探索的实践和重要学科专业的科研前沿，由善于进行跨学科沟通的顾骏教授和上海市思政课名师工作室"顾晓英工作室"主持人顾晓英担任串场与课堂主持。课程每周三个课时,两课时用于教师授课,一课时用于师生互动。至今已开课第八个学期,上海大学附属中学的学生经常过来旁听,成为"地毯族",课程也吸引了上海大学师生与全国多所高校的很多同行前来听课观摩。

"创新中国"已汇聚包括上海大学党委书记、校长金东寒在内的学校高峰高原学科和其他强势学科的 70 余名专家、学术带头人,还有校外嘉宾加盟教师队伍。校外嘉宾分别为:上海市委宣传部副部长燕爽,张江园区管委会主任、党组书记杨晔,上海市科委总工程师傅国庆,上海社会科学院副院长何建华,上海陈云纪念馆党委书记、馆长陈麟辉等。

无人艇、机器人、大数据、生命技术、建筑、石墨烯、环境、通信、投资金融、知识产权、金融、组织行为、经管法、美术影视等多学科的专家教授来到课堂,从各自学术背景阐明他们所在学科和领域对某个问题的创新研究前沿、思考路径或解决方案。他们带着学生从多学科角度分析,检验尝试解决这些问题的各种传统知识和条例是否可行,竭力挖掘学科的科学精神与伴随着创新的科技伦理,力争将高新科技与人文内涵紧密融合。他们身上体现出的报效国家的家国情怀感染着学生。

"创新中国"大量引入专业知识,但其意不仅止于介绍知识本身,更在于揭示知识背后的创新体系及其内在结构。上海大学计算机学院院长,英国帝国理工学院终身教授、数据科学研究所所长郭毅可已两度做客课堂,其中一课讲授了"有 BAT 就是互联网强国了吗?",而"人工智能,中国路在何方"公开课则通过直播平台传送,收获了 2 万多名线上观看者。这些课,师生讨论的不只是技术,更有为技术发明提供指导的理论和理论背后的思想。上海大学党委书记、校长金东寒院士曾两度走上"创新中国"讲台,用生动的故事和塑料管穿过苹果的实验,让近 200 名上大学子有了两次别开生面的"创新"体验。课后,学生在乐乎论坛课程"圈子"的反馈多达 3.3 万字。"创新中国"连续多个学期在上大新生评教成绩中名列前茅,曾获得理工类通识教育选修课第一名。

2016 年,"创新中国"课程获得教育部社会类专业教学指导委员会颁发的优秀教学成果奖。"创新中国"课程被列入 2016 年度上海市教委思政课教改试点项目,同时列入 2016 年度教育部人文社会科学研究项目之"教育部思政课教学方法改革项目择优推广计划"。2017 年,"从'大国方略'到'创新中国'——上海大学成功打造中国课"获评教育部第三届"礼敬中华优秀传统文化示范项目”(全国共10项)。“创新中国”超星尔雅在线课程在全国600所高校推广共享,已有15万名大学生选修。2017年,“创新中国”获评“首批国家精品在线开放课程”荣誉称号。

而今,它也已从一门课先后积累出版了三本书,即《创新中国课程直击》《创新路上大工匠》和《创新时代　青春出彩》。2017年4月,顾晓英编著的《创新中国课程直击》正式出版,全书列示教学研究、“创新中国”每堂课的教学内容和学生反馈,配有校内媒体或社会媒体的报道等,原生态地展示了课程内外、线上线下的教与学互动场景。5月,顾骏主编的《创新路上大工匠》正式出版。作者选取上海大学十位卓有成就的教授和研究员,展示了他们锲而不舍、终成佳绩的过程和贡献之片段。

8月,教学团队策划2017级新生读后感征集活动。经遴选,43篇文章入选结集成书,20余篇文章获奖。顾骏教授给每篇文章做了点评。2017年12月,学校举行“创新中国”公开直播课,十九大代表,上海大学党委书记、校长金东寒院士前来分享十九大精神的学习感受以及他对“学科交融、青春出彩”的理解,还为征文获奖的学生颁发证书。这正是上海大学在乎学生成才成长、在乎学生获得感的表现。上海大学把系列课内容滚动开发,把课程效益推向更多场合,让社会主义核心价值观落细落小落实,带动了全市乃至全国课程思政教育教学创新。

(三)分享感悟、激情追梦:“创业人生”

2016年年初,国务院陆续出台了一系列推进“大众创业,万众创新”的支持政策和举措,这是实施创新驱动发展战略的重要支撑。为对接国家战略,响应教育部要求,学校坚持把创新创业教育融入人才培养全过程。2016—2017学年冬季学期,上海大学开出“大国方略”系列课之三——“创业人生”,属于“创新思维与创业教育”模块。“创业人生”从“今天为什么大家都在谈创业?学校为什么开展创业教育?国家为什么鼓励创业?全世界为什么创业成风?”这四个层面展开,更为接近大学生的个人需求。“创业人生”每周邀请业界大咖分享自己的创业过程和人生感悟,为师生搭建学习、探讨、争论、解答、再发问和再思考的产学研结合平台。天使投资人李映红、“足记”APP创始人杨柳……“CEO老师团”纷至沓来,他们的经历成为青年无法拒绝的特殊教科书。“创业人生”与“大国方略”和“创新中国”一脉相承。它继承“站在世界看中国、基于创新谈创业”的立意和境界,进一步把焦点下沉到学生的个人职业规划和人生计划上,摸索从仰望星空到脚踏实地的追梦之路。

目前,“创业人生”已连续开课 5 个学期,管理学院刘寅斌老师已邀请近 50 位来自行业企业的嘉宾来课堂做分享。同名在线课程上线超星尔雅平台,已有包括同济大学在内的近 200 所高校的 2 万余名学生修读。

(四) 解码文化、触摸历史:“时代音画”

“思政课要让学生入耳、入脑、入心,必须要有画面感,要眼前更亮,耳边更动听。”“时代音画”课程策划顾骏教授在接受《文汇报》记者采访时表示,追溯艺术的历史,无论是东方还是西方,艺术最早都是用于对人的教化。而今,大学要把立德树人作为中心环节,把思政工作贯穿教育教学全过程,实现全员育人、全程育人、全方位育人的目标,教学手段必须有所创新。

2017 年春季学期,学校推出“大国方略”系列课之四——“时代音画”,属于“艺术修养与审美体验”模块,但授课内容和形式,都与思政课“中国近现代史”形成教学互补。它延续“大国方略”“创新中国”的主旨,汇聚音乐、美术等学科师资,以时代为内容线索,将音乐与视觉艺术相结合,让学生认识到中国音乐和世界音乐的接轨,引领学生读懂中国,感受音乐美并更加直观地感受到时代的特征,增强学生的民族自信与文化自信,让立德树人的育人理念通过艺术进行无痕传递。

2018 年 1 月,教育部党组在上海召开新时代高校思想政治理论课建设现场推进会。当天上午,上海大学党委书记、校长金东寒陪同教育部教师工作司司长王定华、教育部巡视工作办公室主任贾德永以及全国各地党委教育部工作部门主要负责同志、部属高校党委书记或校长、教指委专家等 40 人莅临上海大学音乐厅观摩了王勇教授和顾晓英研究员讲授的“时代音画”课程。金东寒书记在教育部加强新时代高校思想政治理论课建设现场推进会上作了“聚焦内容,汇聚名师,关切学生,多维提升思想政治理论课亲和力和针对性”的交流发言。

迄今,“时代音画”已开满 4 个学期。它“颜值”超高,引来学生高涨的选课热情。同名在线课程通过超星尔雅平台发布,已有 100 多所高校的 1 万名学生隔空选课,分享优质课程资源。

(五) 探寻谜底、提高自信:“经国济民”

2017 年 3 月,“经国济民”新课开锣,成为“大国方略”系列课程的“第五朵金花”。它延续“大国方略”风格,通过多学科知名教授联合授课,激发“头脑风暴”,让年轻的学生理性读懂中国,更了解中国,了解中国梦乃至亚太梦。“经国济民”注重发掘中国传统经济思想的内在智慧,选择“国家与国民关系"作为解读当代中国发展策略的主线，展示历史上中国通过制度安排，激发个人活力，实现经济繁荣的思路和做法，拓展学生对中国固有的经济思想和思维的感受与认知，提高文化自信。"经国济民"课程努力实现中国经济发展经验进课堂、中国传统经济思维和思想进课堂、中国经济学话语进课堂，从中国的历史传承和文化视角解读中国之谜，帮助学生形成关于中国学科话语的意识，引导他们未来的研究取向和理论旨趣。

迄今，经济学院开设的"经国济民"已运行 3 个学期。同名在线课程通过超星尔雅平台，吸引 50 所高校的 3 000 多名学生选课。2018 年 4 月，团队出版了《经国济民——中国之谜中国解》和《经国济民课程直击》。

（六）转型升级、育人育才："人工智能"

2018 年春季，上海大学首开"人工智能"通识教育选修课。课程由通信与信息工程学院开设，既作为"大国方略"系列课程之六，又担纲"育才大工科"之开山课，翻开了学校课程思政教育教学改革的新篇章。

二、从"大国方略"到"人工智能"：以"育才大工科"培养时代新人

（一）放飞梦想：担当民族复兴大任时代新人的基本要求

新时代新使命对时代新人提出了更高的标准和更严格的要求。

时代新人要有担当精神。实现中华民族伟大复兴的中国梦，我们面临难得机遇，具备坚实基础，拥有无比信心，但是，前进的道路从来不会是一片坦途。身处历史发展的重要战略期，面临前所未有的困难和挑战，民族复兴的历史大任更需要时代新人坚定执着的担当。上海大学创设"大国方略"系列课程，以中华民族伟大复兴之梦，感召大学生，积极探索在更多的学科领域和专业课程中，提升大学生的政治认同和文化自信。

时代新人应有坚定的理想信念，将个人的发展和国家民族的前途命运紧密相连，把个人理想与国家富强、世界发展融为一体，正确认识世界和中国的发展大势，深入掌握中华民族几千年传承下来的优秀传统文化和爱国主义精神，凝结时代精神，在历史的发展坐标中找准定位，才能肩负起民族复兴、构建人类命运共同体的时代重任。"大国方略"十个专题分别为"中国是一个大国吗？""中国梦，谁的梦？""中国道路能引领世界吗？""龙是 dragon 吗？""中美真的能坐在一张椅子上？""'一带一路'带来什么？""中国高铁驶向何方？""中国能第一口咬到'苹果'吗？""我们会被

全球化淹没吗?”和“大国方略与 90 后机遇”,旨在让选修该课程的学生以跨学科的视角学会站在世界看中国,学会从多个不同学科解读问题,或是从特定研究领域的视角(如社会学、知识产权和经济学等)看问题。11 个学期以来,课程内容期期更新。2017 年 6 月,顾骏和顾晓英联袂举办“大国方略”公开课“中国是一个大国吗?”,教育部党组成员、部长助理刘大为等领导现场观摩。“创新中国”课程围绕“创新乃大国重中之重”“万众创新谁是主体?”“有了 BAT 就是互联网强国吗?”等专题,让大学生学了“术”,更悟了“道”。“创业人生”“时代音画”和“经国济民”这三门课继续了“大国方略”系列课的主旨,引导学生脚踏实地地放飞青春梦想,报效国家。

无论是课程定位和还是课程内容、教学方法、考核要求,都紧密围绕着培养时代新人坚定执着的担当。每学期结束,系列课程的考试题目永远聚焦在以下方面:“大国方略与 90 后机遇”“创新中国我的机遇”“创业人生我的选择”等,要求学生放飞梦想,勇敢担当,把个人的发展和国家民族的前途命运紧密相连,把个人理想与国家富强、世界发展融为一体。

(二) 打开脑洞:着力培养担当民族复兴大任的时代新人

培养时代新人关乎社会主义现代化建设和民族复兴伟业,是全社会的共同责任,更是高校的根本任务。培养担当民族复兴大任的时代新人要在思政课主渠道上下功夫,高校还应积极落实课程思政,让各类课程与思想政治理论课同向同行,形成协同效应。2018 年 3 月,上海大学在成功打造五门“大国方略”系列课程之后,勇敢转型升级,主动对接“中国制造 2025”等国家战略,呼应《新一代人工智能发展规划》要求,即中国“到 2030 年人工智能理论、技术与应用总体达到世界领先水平,成为世界主要人工智能创新中心”,落实教育部新工科建设和《高等学校人工智能创新行动计划》要求,首开“人工智能”通识课,深入推进课程思政教育教学改革,让更多强势学科的教授乐于参与到课程思政教学中,真正以学生为出发点,关心课堂上每一个学生,使其主动“打开脑洞”。

1. 通识教育——跳出知识,用意义引领学生

通识教育是关于人的生活的各个领域知识和所有学科准确的一般性知识的教育。通识教育致力于打通科学、人文、艺术与社会各学科的有机联系,破除传统学科领域的壁垒,贯通中西,融汇古今,帮助学生建构知识的关联;通识教育也有利于学生拥有国际视野,通晓他国和我国的历史人文和最新科技;通识教育更注重开启学生思维,让多学科思维整合到具体

问题的处理中。

“人工智能”与“大国方略”系列课的其他五门课程一样，都归口到通识教育课程体系的各大模块。人工智能领域的学术研究与技术含量极高，包含有算法、网络技术等很多专业知识。通识教育课程的修读对象可以是零基础的。因此，它不同于专业课和公共基础课，不必强调概念、原理等知识点的获得，而是着眼于挖掘隐身在概念与原理背后的思想，这思想往往更具价值，能启迪学生跳出知识的框架，找寻背后的道理，有效提高学生的想象力与创造力，给奇思妙想、善于异想天开的学生留有余地，给不同专业不同起点的学生留有不同的发展空间。

“人工智能”从智能时代对于人才的需求出发，定位于培养学生善思考、会通变、有想象力。课程引导学生着眼于新时代中国，面对智能时代各方面的转型升级，培养有远见有思想的创新型人才。课程顺应国家战略，着力培养智能时代能够摈弃傲慢，能够深层次理解世界、理解他人、理解机器智能，能够明晰自己的成长方向的有眼界、有格局和有担当的人才。

第一课后，学生当即表示：“单就对眼界的提升都不会是一星半点的。”

有学生感慨道：“当大部分通识课程还停留在知识介绍的层面，‘人工智能’已不再单纯地进行‘知识传递’，课程更多地定位于‘引发思考’，我觉得这一理念已经包含了一些为应对未来人工智能时代带给人类的挑战做准备的意味。”

有学生反馈道：“尽管我自认为通过前八次的课程，我的脑洞已经大了那么一点点。但是本次课程结束后，我发现我还是太天真了。之前，从未想过可以将中国传统文化及其传承方式和机器智能联系在一起，更不要说人工智能应该完成从自然人到文化人的转换了。”

“令我印象最为深刻的是顾老师提到的中国传统思维对于人工智能的产生、现状，尤其是今后的发展来说意味着什么。中国文化博大精深，但是听了顾老师的讲解后，我发现实际上我们对中国传统的东西了解并不多甚至可以说是知之甚少的。……中国古典智慧给人一种妙不可言的感觉。其中的道理或许在未来能够推进人工智能的发展。人工智能能够帮我们更好地认识中国文化。”

2. 名师大家——精湛研究，颠覆学生认知

时代新人应有真本领，需要深入掌握现代科技知识和文明成果，赢得

国际竞争主动，为人类做出更大贡献。而今，人类已从农耕社会、工业社会、信息社会，进入到智能社会。伴随人类文明的不断进步和经济全球化的不断发展，未来国家间的竞争会更加激烈，国家实力的增强和国际竞争力的提升将更加倚重原创思想和核心技术的增加。上海大学积极呼应智能时代，对接国家重大战略与需求，通过开设量大面广的通选大课，形成多学科门类的交叉渗透，走出一条落实立德树人新要求、建设新工科、自觉培养担当民族复兴大任的时代新人的路径。

时代新人需要拥有真本领，而真本领的培养离不开一支优秀的教学团队。知名学者是大学的宝贵财富，对学生成才具有无法估量的作用。大师即课程。首轮"人工智能"课程师资由 17 位教授组成，除了担任课程策划的社会学院顾骏教授、教务处顾晓英研究员，教授们分别来自通信学院、计算机学院、机自学院、生命学院、美术学院、体育学院等。课程依托上海大学诸多学科优势，其中包括多个高峰学科的顶级教授，如英国皇家工程院院士、国家杰青、"万人计划"专家、领军人才、"千人计划"专家、国家优青、作家等，他们文理不一，各有专长，却又在同一堂课内协同合作，深受学生喜爱。

第一课"图灵到底灵不灵?"课后的学生反馈中，充盈着"脑洞大开"的字句。有学生说:"这门课瞬间便吸引到了我。创新、质疑、思考，这个话题一下子让我的脑洞大开。两位来自不同领域的教授从不同视角、不同理论体系深入浅出地讲解。通过这节课，除了让我对人类智能、机器智能有了更近一步专业化的了解外，更重要的，是打破了在我的认知里固有的传统而又可笑的思维。"

学生明白了:"人工智能不再是冷冰冰的科技，而是某种'哲学'，课程带给我们的不仅仅是要传授的知识，更是一种对待科学的态度。""我从图灵和两位老师身上体会到的一种治学的本真，一种求索的态度。"

有学生感慨道:"近些年，有不少关于机器人将在未来威胁人类，人类无法支配机器等理论，但此堂课新颖的思想教育我们要放低姿态，以平视的态度和智能机器共存。而同时，还存在着诸如机器与人的伦理，人如何与机器交流等问题，等着我们去思考研究。"

言传身教，课堂上学生汲取科学家的自由探索精神，勇于打开脑洞，培养勇于思考人工智能前沿问题的习惯。期待着不久的未来，他们也能成为一代科学家和工程师，拥有原创理论，做出原创发现，担当民族复兴大任。

3. 特色教法——统整碰撞，“金镶玉”激发学生

“人工智能”采取上海大学首创的“项链模式”教学，由课程策划人、社会学院顾骏教授串联全场，每个专题由两名及以上不同学科背景的教授主讲。课堂犹如一出多幕剧，各个部分既相对独立又有机地衔接在一起。多名教师同台更容易激发教师间的学术交流与观点交锋，团队也有意识地为学生留出更多的讨论与提问时间。

“人工智能”课程的教学方法具有鲜明的“金镶玉”特色，将“硬科学”“软科学”和人文学科整合在一起，不仅对扩大学生视野，提升其内在素质，具有很大价值，而且对未来可能以人工智能机器运用为专业发展方向的学生，产生深远影响，有助于激发他们对新一代人工智能的发展作最大自由度的想象。由具有工科背景的社会学院顾骏教授领衔并主持，联合以计算机专业为主的多学科专家团队，建设这门课程，能在尊重人工智能技术的前提下，有效整合不同学科，实现专家在教学上的无缝衔接，确保1+1>2的整体效果。

有学生反馈道：“这门通选课内容之丰富、形式之有趣已超出我的期待。郭院长给了我全新的启发：机器智能可以是完全不同于人类智能的，我们对于未来，大可以认为是人类智能和机器智能共存的时代，而我们要做的是智能间的交流，而非充满戒心。顾老师以文科的角度来为我们讲述了同样的话题，其中还通过人类要会飞、要比马跑得快这种简单通俗的例子，告诉我们人工智能并不是单纯的模仿。机器智能会在特定的领域超越人类智能，我们不应该因为戒备心理而放弃人类最伟大的本性——对未知的探索。”两位教授合理合情地处理好“硬科学”“软科学”与人文学科的关系，从各自视角对主题进行了解析，给了学生极大的启迪。

有学生在“小冰作诗”话题后反馈道：“这堂课是迄今我最喜欢的。一位在人工智能方面有很强的专业知识，一位对诗词有着别样爱恋、浑身散发着文人气息，两位老师来讲解有关人工智能写作诗歌的课程，一方面使课堂多了碰撞，另一方面为课堂带来了更多值得享受的东西。”

在“约会还是结婚”课后，有学生反馈道：“或许我们还是没有理解，机器与智能，到底是约会还是结婚……我们的课毕竟是要开脑洞，在这个日新月异的机器智能狂潮里，或许没有绝对的定义，只管去想象、去享受智能、去参与学习！”

这些反馈文字反映出学生已经受到教授们的影响。不同学科背景的教师同台，用“项链模式”对话，这无疑给了学生不同侧面多个视角的导

引，激发他们进一步深入思考。

4. 信息融入——共享交互，开启学生想象

国务院《新一代人工智能发展规划》强调："利用智能技术加快推动人才培养模式、教学方法改革，构建包含智能学习、交互式学习的新型教育体系。"上海大学首开的"人工智能"是一门新课。它建立在"双顾"为核心的教学团队多年来精诚合作成功开发五门线下课程、四门同名在线开放课程的基础上。

团队把握了智能时代用户的体验需求，充分考虑受众的习惯和偏好，给大学生提供更多更好更精准的个性化体验。"人工智能"首轮开课，团队即大胆开设直播公开课三次。其中一次，当天观看直播达 16 866 人次，其中超星学习通 8 000 人次，其他平台 8 866 人次(微信占比高)。课堂内教师与远在千里之外的兄弟院校的师生隔空开展面对面授课，让在线修课的学生身临其境。课程通过公共服务平台让 300 多所高校的选课学生共享，带领更多大学生开启脑洞。

今后，"人工智能"教学团队将在校内开展混合式教学的探索实践，在线课程在用于线上学习的同时，也在线下课堂进行翻转使用。教师结合线上线下，安排学生学习。教师通过点击网站课程，布置学生提前自学、开展课堂互动讨论、在线答疑、线上答题等，采取过程化考核与评价，用项目设计带动学生自学，配备教师在线导学、面对面教学辅导等，帮助学生养成自开脑洞的习惯。

在开设新课的同时，上海大学"大国方略"系列课程团队同步制作"人工智能"在线课程，同名在线课程将于 2018 年 9 月上线。团队同步启动《人与机器：思想人工智能》和《人工智能课程直击》的编撰工作。届时，"人工智能"课程的线下课和线上课即可交相辉映，同步配套图书将正式出版问世，可为更多高校的师生提供智能化网络课程平台的最快最优资源，让更多受众体验打开脑洞、积极投入课堂教学，切实有利于时代新人的培养。

5. 异想天开——反馈文字，佐证学生收获

"人工智能"引领学生课堂内外全方位应对智能时代下中国面临的诸多"大问题"。每次上课前的那句"你的脑洞够大，装得下这门课吗？"的口号振聋发聩，倒逼着学生主动打开脑洞，投入课程进行学习与思考。受邀到课堂的资深教授，在讲述学科知识和前沿的同时，更重视知识背后的思想和思维方法的揭示。

“人工智能”课外要求学生阅读“人工智能”相关前沿研究名著，写出阅读感受；布置学生积极参加“人工智能”学术报告，写出畅想。

“人工智能”选课学生还必须在每次课后的规定时间内完成“课程班”微信群里的帖子发表任务。150 位学生平均每位学生发帖交流大于 10 次。学生发帖，彼此浏览对话，教师有时会从学生所提的较有普遍性的问题中，择其一二在课堂做回应。无论课堂内外，教师都会在从学生提问和反馈中找出其思维缺陷，予以当场纠正，进一步激发学生深入思考。无论课内提问、师生互动，还是课后反馈，学生从教授们环环相扣、层层递进的问答中获得思维拓展和见解更新。有学生表示：“从第一堂课到现在，我对于人工智能的认识先后经历了几个不同的过程。从一次次传统的认知被颠覆，到一次次从不同老师的阐述与介绍中得到收获，这是一个奇妙的过程，也是一个脑洞大开的过程。”也有学生反馈道：“以前我了解过一些关于量子的知识，总觉得它非常抽象、难以理解，是一种看不见也摸不着的东西。没想到这堂课让我如此近距离地接触到了量子，而且它还跟目前非常热门、看得见也摸得着的计算机结合到了一起，这是一种十分神奇的感觉。”

“人工智能”课程的期末考试也非同寻常，开放题不设标准答案，最后一课再次为学生提供了开脑洞的机会。

迎接智能时代，培育智慧学生

顾　骏

从 2014 年开设“大国方略”通识课以来，上海大学在全国率先开展课程思政的探索已有四个年头，先后开设了“大国方略”(2014)、“创新中国”(2015)、“创业人生”(2016)、“时代音画”(2017)、“经国济民”(2017)和“人工智能”(2018)六门课，并为除“大国方略”之外的五门课同步开设了在线开放课程，其中“创新中国”已获得“首批国家精品在线开放课程”称号，合计编写了包括本书在内的九本配套书。眼下，在炎热的暑期，团队正紧锣密鼓地准备秋季开学的两门新课——“量子世界”和“智能时代”。

上海大学课程思政的课程开发和运行模式基本成型，思考的问题也随之发生变化。如果维持外延式发展，只要持之以恒，具有思政功能的课程可以源源不断地开发出来，但无论开发成功多少门课程，不但跟学校课程表上总的课程数永远不成比例，而且在学科门类上也会被局限在文科范围内。所以，如何实现内涵式发展，在课程质量和教学效果上争取突破，取得更好的教书育人效果，成为团队成员共同关注的问题。

2018 年，我们把课程思政的创新探索重点聚焦于两个主要方面：一是拓展课程覆盖的学科范围，二是在“以学为主”的方向上，提升教学效果。

一、从课程思政到“育才大工科”

相比之下，在人文、社会、艺术和经管类课程中进行思政化创新更容易见效，而要在理工科范围内进行课程思政开发，难度比较大。“人类发展是一个自然历史过程”。自然规律不以人的意志为转移，价值观与“硬知识”如何实现柔性对接，进而相得益彰，从来就是一个难题。理工科的知识体系逻辑性强，有自身的刚性要求，简单地将思政内容塞入其中，不但效果欠佳，还容易造成学生在知识掌握乃至学习方法上的暗病，留下后遗症。在这一点上，课程思政不能重蹈曾经出现的“过度政治化”覆辙，再搞“1 个生产队有 3 台拖拉机，5 个生产队有几台拖拉机”之类的“理论联系实际”套路。在自然科学范围内，要做到同向同行，实现教书育人的目标，需要独到的思路和独特的设计。

有鉴于此，作为上海市课程思政教学科研示范团队，上海大学“顾骏团队”借助已有的课程思政开发经验，以学校理工科科研教学力量为核心，打造出一个全新的课程思政平台，起名为“育才大工科”。所谓“大工科”意在突破传统的学科门类和专业划分，将人文、社会、经管、艺术等学科同理工各科直接打通，真正形成了广义的无阻隔的“通识课”，努力为国家培育未来具有开阔眼界与卓越创造力的科学家和工程师。

“育才大工科”开门第一课，就是“人工智能”。

说起“人工智能”，人们第一反应就是“这是一门理工类的课程”。确实，在目前国内高校中，人工智能作为专业都被归在理工科门下，主要在计算机学院内开设这门课。其实，人工智能明显具有涉人的特点，不知道人类智能是什么，如何研发得了人工智能？而且智能虽是人类大脑的功能，但同大脑的关联绝非单纯器质上的。人类有不同种族和民族，不同种族和民族有不同文化，不同文化对人的智能产生着深刻的影响，至今为止，在比较文化领域内科学家仍然面临许多难以解释的神秘现象。所以，作为专业，人工智能涉及面极其广泛，学生不但需要掌握理工科范围的各种硬知识，包括计算机、算法、大数据分析乃至脑科学，还需要掌握哲学、语言学、认知科学、逻辑学、心理学、伦理学乃至知识论等，单纯技术教育是远远不够的。正是在这个意义上，人工智能成为热潮，为“育才大工科”提供了一个天然的课程主题，让我们可以将诸多不同门类、学科和专业整合到一起，开发出一门名副其实的“大工科”。

上海大学的“人工智能”课程系由社会学教授进行整体策划。顾骏教授根据人工智能技术发展的若干重点和相应运用，巧妙设计了各讲的主题和内容，全程担任课堂主持人，还分别在第一、六、八、九这四讲中，担任联合主讲人。社会学本身具有综合性特别是跨学科特性，能起到学科或研究领域的黏合剂作用，让文理各学科相互沟通、彼此衔接，既保证了各学科自身的知识完整性，也满足了人工智能专业的系统性和连贯性要求，有助于把课程思政的要求，在设计和教学时融入课程之中。

在“人工智能”课程中，思政属性特别明显的是第六、八、九这三讲。第六讲“人工智能独霸股市下盈亏怎么定?”在详细介绍人工智能技术“量化交易”在股市中的运用之后，进一步将学生的注意力引向宏观思考，就依托大数据的人工智能会不会取代市场发现价格，从而让计划经济体制重新回潮等问题，进行讨论。经济学和计算机科学的教授相互配合，借助经济学理论，围绕人工智能的技术优势，全面分析了市场作为价格发现机制的必要性和重要性，学生通过讨论，掌握了区分宏观和微观的思考方法，明白了企业通过大数据分析实现生产的计划性，并不等于宏观上就可以排除市场，由人工智能直接来发现价格，制定全社会生产计划。市场经济具有内在优势和固有弱点，人工智能技术有利于市场更好地发挥作用，但要以此代替市场的作用，仍为时尚早。

第八讲“机器人之间也有伦理关系吗?”基于未来机器人协同行动的需要，展开了对自然界、人类社会和无人智能系统中伦理安排的必要性讨论，学生由此认识到即便在非人的智能机器之间也需要制定某种伦理规范，才能处理好个体与个体、个体与整体的关系。这一讲虽然没有专门对人类社会中的道德伦理要求进行展开，但确实让学生感受到伦理关系内含的“天道”，大大增强了集体意识、伦理责任意识以及个体和集体双赢的意识。

第九讲“中国机器人何时成为机器中国人?”通过强调人类智能的文化特性，大胆提出了人工智能研究不但需要致敬大自然，还需要接入文化视野。在比较中西文化的基础上，就当下人工智能如何同中国传统思维进行对接的问题上，提出了一系列独到的构想，在为新一代人工智能研究提示方向的同时，传播了优秀的传统文化，增强了学生的文化自信。

“人工智能”课程的开设成功充分说明，课程思政向理工类课程的延伸和拓展不但是合理的，也是可行的，只要科学设计、精心实施，“育才大工科”可以成为教书育人双重目标达成的良好平台。

二、从引导到启发

长期以来，高校思想政治教育侧重于对大学生的“输入”，所谓“入耳、入脑、入心”，强调的都是由外而内的灌输。对于仍处于“三观”形成阶段的大学生来说，适当的“输入”是必要的，但只有“输入”又是不够的，尤其是作为一种学习方法，单纯强调“输入”还会有一定的副作用。在国家需要创新人才的背景下，要完整达成教书育人职责，教学过程在保持必要的“输入”的同时，还须强化和优化培养大学生内在的思考能力和习惯。无论站在通识课还是“大工科”的立场上，都不能忘记高等教育旨在激发大学生个人内在潜力，实现其人生发展，服务于国家发展的根本。

“人工智能”课程有一句精心设计的口号：“你的脑洞够大，装得下这门课吗？”每堂课前，出现在屏幕上的这句话，形同“清醒剂”，刺激着大学生不忘开动脑子，独立思考。

记得在“大国方略”系列课程之五“经国济民”的课间休息时，我曾问过学生对课程的感受，得到的回答是一个字：

“累！”

“为什么？”

“因为要思考。”

在今天的大学课堂上，教师强调和学生习惯的是知识点，相应要求的是记忆，而不是思考。知识看起来确为干货，而且对未来就业有用。但所有知识点都是前人总结出来的，并且已经成为众所周知的内容。学生未来要想有所创造发明，不掌握知识不行，但死记硬背之下，只有知识，没有思考，要想“站在巨人的肩上”是不可能的。“你的脑洞够大，装得下这门课吗？”这句课程口号不但时刻提醒着学生记住在学习中思考重于记忆，还在无形中告诫学生，如果感觉课程教学内容艰深，那首先不是课程的问题，而是你自己的问题，“谁让你脑洞不够大？”所以，务必打起十二万分精神，用足自己的所有潜力，争取成为“人工智能”的主人！

其实，仔细想想，在“人工智能”课堂上，思考和想象要比在其他任何课上都更加重要。信息技术发展到今天，计算机已经至少在两项能力上大大超过人类，一是记忆，二是计算。要想研发人工智能，如果自己的能力停留在远不如计算机的记忆和计算上，那是无论如何做不好甚至办不到的。“人工智能”课程在传授知识之前，先要让大学生意识到只有具有人工智能不具有的能力，尤其是思考和想象能力，才能不但学好课程内容，而且在人工智能时代，拥有从事科技创新、服务国家的能力，具有发挥天赋智能、实现人生成长的机会！

大学生不能做“移动硬盘”，只会“上课输入，考试输出，考完重新格式化”！

按照已经形成的“一课两书”课程开发模式，团队为“人工智能”课程配套的两本书，除了这本《人工智能课程直击》之外，还有一本固化了课程主讲教师科研和教学成果的图书，书名为《人与机器：思想人工智能》，强调的正是："思想，才是区别人与机器的根本之处！"

从这个符合人工智能时代的教学目的出发，我们充分利用学科综合所提供的额外空间，追求思想性和知识性的平衡，让鲜活的思想与前沿的知识相互穿插，以引发某种对创新精神友好的"热核反应"。

课程第一讲以"图灵到底灵不灵?"开场，让学生颇感意外。其实教学目的不只是讨论作为"人工智能之父"的英国科学家图灵提出的智能测试方法及其有效性，更是要让学生明白，对科学真理应有的科学态度，那就是在事实和逻辑的基础上，大胆展开质疑，只有在批判前人发现的基础上，后人才可能取得超越前人的业绩。伟大如图灵也不是不可批评的。

除了纯技术性、知识性的第二讲"人工智能是如何长成的?"之外，其他各讲中有关人工智能技术的介绍和不同学科关于人工智能的思考，都水乳交融般地结合与衔接在一起。在这里，知识不是作为金科玉律被供奉着，而是可以根据学理、逻辑和事实，进行审视和诘难的。教学过程与其说是学生被动接受教师的"灌输"，毋宁说是在教师的引导和启发下，学生开阔视野，敞开思路，独立做出反思和判断。从本书所展示的学生心得和感悟中，读者可以看到，"人工智能"课程为迎接未来人工智能挑战而培养一代心理健康、思想活跃和乐于创造的大学生所做出的探索与所取得的成效。

课程思政的探索未有尽头，"育才大工科"刚刚起步，如何在输入正确价值观和启发独立思考这双重要求上达到有机结合，实现相互促进，还有待深入探索。我们相信，方向是对的，方法是对的，结果也是对的。

学生的发展，国家的未来，中国人工智能研究的领先世界，正呼唤视野开阔、思想端正、脑洞大开的智慧新一代！

下篇

课程教学与反馈

2017—2018学年春季学期

一、图灵到底灵不灵？

时间：2018年3月26日晚6点

地点：上海大学宝山校区J102

教师：郭毅可（英国帝国理工学院终身教授、数据科学研究所所长，英国皇家工程院院士，上海大学计算机工程与科学学院教授）

顾　骏（上海大学社会学院教授）

张新鹏（上海大学通信与信息工程学院教授，国家杰青）

教　师　说[①]

内容： 图灵测试介绍、人工智能界定以及人工智能与人类智能的关系

从人工智能之父图灵及其提出的“计算的定义”和“机器智能的定义”，即“图灵测试”入手，讨论图灵测试作为操作性定义的合理性和内在的价值倾向，论证机器智能与人类智能的平行关系，提出突破图灵测试的局限，走出机器智能只是对人类智能的“模拟”之误区，为建立人与机器智能未来关系模式奠定基础。

① “教师说”源自《2018年上海高校优质在线课程建设立项申请表》——上海大学“人工智能”课程。以下同。

学　生　说[1]

13121827

之前上过顾骏老师的"社会学思维",当时就被他独特的上课方式和内容所吸引。课上,顾老师和郭老师分别从各自专业的角度对人工智能进行了生动的讲解,也产生了碰撞与争辩。当不同的思维在课堂上交融时,我发现这正是我期待已久的大学课堂。课堂如此,一项技术的发展亦如此,正因如此人类才能不断地进步。人类有时过于傲慢和庸俗,总觉得自己是这个世界的主宰,认为自己拥有着世界上最高的智能,因此图灵所提出的人工智能概念也是从三个预设条件出发的,然而现实却并非如此。虽然机器智能的根源是由我们所创造的,但是它的智能产生方式却可能与人类有着很大的不同,它们也可以通过自我对弈进行不断地学习和进化,甚至于在某些方面已经超越人类智能。我们对此应该保持敬畏,虽然目前还无法完全理解这种智能,但不该因为我们的无知就认为它低人类智能一等,而应将其视为一种平行智能,因此如何实现两种平行智能的交流成了未来发展的一个重要课题。人类研究人工智能的本因是想要探索机器智能的极限,而不是为了让其为人类服务,正因为人类对于未知的好奇与探索,科学和社会才产生了进步。

14120976

今晚的课堂形式令我眼界大开。两位老师分别从计算机与人文的角度进行讲解,却不约而同地谈到图灵测试的隐含前提、人类智能与机器智能的融合共生,这不仅使我学会了凡事都要注意前提条件的科学思考方式,还带我展望了未来人类与机器智能携手前行的图景。我们处在一个伟大的时代,这个时代注定在年轻人身上留下深刻的烙印。在这样的背景下怎么理解与认识机器智能,怎么处理自身与时代潮流的关系,怎么参与到时代变革中,这都是我们要思考的最最基本的问题。所幸,课程给我们打开了一扇门。

15120980

今天,让我印象深刻的是郭老师提到人类智能与机器智能共存的二元时代,这区别于一般对于图灵测试的理解,将人工智能认作是机器模仿

[1] "学生说"源自 2017—2018 学年春季学期"人工智能"第一季课程班。其一为微信课程班群,其二为学生试卷。以下同。

人类智能。人类智能和机器智能共存的时代必将是大势所趋,把握住人类智能和机器智能之间的关系必将是重中之重,两种智能如何相互沟通、相互理解更是我们未来讲究的重点。

15120999

今天我对于人工智能的理解有了很大的转变,之前我也以为人工智能是以人类为目标而尽量去模仿、靠近人类,比如神经网络感觉就是在模仿人类大脑,但是今天听了郭教授的一席话,我感觉机器也许有着它自己的思考,只是我们以人类的视角无法理解,所以我们不是要让机器变得像人类一样去思考,而是让人类和机器互相理解,以彼此的智能去碰撞和探索更多未知。科学世界有太多奥妙等着我们去发掘,也许将来人类可以和机器合作去共同探索宇宙万物的秘密。

15121344

今晚,郭老师和顾老师分别从技术角度和社会学角度阐述了人工智能的存在原理和意义。在我印象中,人工智能是为了替代人类的低效重复性劳动而生的,是服务于人类生活的工具。但是今天的课程给了它一种全新的、类似于生物学角度的定义,使得我有了一些全新的思考。课程结束时,有一位同学的提问,被老师指为人类的傲慢。但我也因此产生疑问:如果人类将人工智能定义为可以与人类并存的二元存在,但同时人类又如此确信它和之前的任何一次科技革命一样,只是推高人类发展程度的阶梯,那么这样的思维岂非明显的矛盾,不更是人类傲慢的体现么?

15122373

人工智能时代已经来临,它正在以比我们想象的要快得多的速度参与和改变着我们的生活,一方面我们享受人工智能带来的各种便捷和高效,另一方面我们也不得不忧虑,人工智能在诸多方面的优势使得它将不断地取代现有人类的工作,或早或晚会成为你我的竞争对手。今天,我知道了人工智能这个叫法并不准确,或许应该称它为机器智能。在科学研究中,我们应当放下傲慢,以一种敬畏态度去探索,让人类智能和机器智能并行!

15122989

这节课带给我最大的收获是启发我独立思考,对于人工智能我们每个人都应当有自己的思考和理解。

15123098

人工智能不再是冷冰冰的科技,而是某种“哲学”,课程带给我们的不仅仅是要传授的知识,更是一种对待科学的态度。

15124764

首先,我学到了"人工智能"这个名词本身存在着的不合理性,明白了人类不应当以高高在上的姿态去审视之,甚至是试图控制与我们共存着的平行的自然和科技。只有当人类能够以平等的姿态摒弃傲慢,去与身边的事物和谐共处时,我们才能更深刻地探索、了解这个世界。其次,我也更加深刻地体会到了批判性思维对于大到科学探索道路、小到每个人的发展历程的重要性,这种不断学习、思考的精神应该是我们每个人成长道路上所必须具备的。

16120700

美好生活的实现,离不开新技术的发展。人工智能最初仅服务于人,但科技创新的最终目的是探索未知世界的奥秘,未来通过科技创新和人工智能的改进,让与机器人和谐相处成为真正的命题。无论是从理科的视角解读每一个 AI 测试实验,还是从哲学的角度去理解机器与人之间的逻辑关系,人工智能的发展是时代的趋势,在科技和社会的发展下,并不会因为人类一时的不接受而停滞不前,在其发展完善之后,一开始的缺点都会被人类所适应或者根本就不会再存在,也许我们会看到人类与机器人谈笑风生的一天。

16120854

我们要开动大脑,用无限的想象力去接受新生事物的发展,同时用我们自己的创造力和新奇心去推动社会的不断进步。

16121019

AlphaGo 的问世,其实也或多或少让人类有些好奇和不安。好奇的是为什么 AlphaGo 可以那么快就战胜人类众多高手,到了所向披靡的地步。有人给的答案是:不停地喂棋谱、学线路。和人不一样的是,它是机器,不用睡觉、不用休息,可以永远不停歇地汲取新知识。就像老师说的那样,AlphaGo 遇上比它强劲的对手,那么对手的套路已经是它学习的又一章知识,而对于人类,这样的进步可能是很长一段时间或者永远也做不到的。为什么不安?像太多的科幻电影所描述的,人工智能有了自己的思维,会思考、会判断,AlphaGo 对围棋的理解和对战局的判断都已经超过了人类的能力,不免会想到反抗甚至消灭创造它们的人类。"图灵到底灵不灵"已经下不了定论,当图灵自己感觉自己很灵的时候,我们会不会感到一些自豪又不安呢?!

16121022

人工智能始终是我相当感兴趣的领域。老师们并没有像上普通的课那样，提出一些“人工智能会不会超越人类智能”“该不该发展人工智能”之类的问题，而是纠正了我们对于人工智能的错误观点。有一句话令我印象深刻：“人类始终都太傲慢了，机器智能并不是为人类服务而产生的。”这点与我以往听到的观点不一样。

16121066

“人类的傲慢”，是这堂课给我印象很深的一个词。在“人工智能”开始热传的时候，我也十分感兴趣地上网查。因为它似乎没有影响到我的生活，以至于我认为计算机科学已经发展到媲美人的智能。网上有不少对“人工智能”嗤之以鼻的言论，嘲讽“人工智能”不过在于“人工”……因为计算机的思维远远达不到有智能的程度，它只能按照我们写好的程序重复地计算来服务我们而已，它不会创新，何来智能？我想这就是今晚郭老师所指出的“人类的傲慢”吧。在批评这个傲慢之前，老师也将“人工智能”重新定义为“机器智能”，这是平行于“人类智能”的一种智能。我们不能一概而论地以为机器的计算能力就是为人类服务的，就是发展为“仿生”的智能。机器智能很大程度上有助于人类探索未知，它们拥有人类无法比拟的学习和模拟的智能。建立好人类和智能机器的交互模式与规则，我们将相互发展。我们对“人工智能”的正确态度应该从称其为“机器智能”开始，认识它、学习它。

16121173

人工智能作为现在最热门的话题之一，大家习惯于从理科角度去思考它会带来的利与弊。今天顾骏老师以文科的分析方法为科学做阐释，这给予了我们一个很好的思考问题的角度。

16121203

第一节课的庞大阵势就已经震撼了我。原本以为这会是一门更偏向于技术性的课程，但两位主讲老师不同角度的讲解使这门课有了一个非常精彩的开始。

16121320

从第一课来看，这门通选课内容之丰富、形式之有趣已超出我的期待。郭老师给我了全新的启发：机器智能可以是完全不同于人类智能的，我们对于未来，大可以认为是人类智能和机器智能共存的时代，而我们要做的是智能间的交流，而非充满戒心。顾老师以文科的角度来为我们讲述了同样的话题，其中还通过人类要会飞、要比马跑得快这种简单通俗的例子，告诉我们人工智能并不是单纯的模仿。机器智能会在特定的领域超越人类智能，我们不应该因为戒备心理而放弃人类最伟大的本性——对未知的探索。

16121368

今天这堂课真的很吸引我。“图灵到底灵不灵?”顾老师说的内容很容易让人理解，他将科技问题转换到我们身边的万事万物。我个人尤其喜欢郭老师所解读的人工智能，他更多地从技术角度给我们进行了介绍和解读。郭老师的好几个观点特别打动我：人制造机器并不是为了服务于人，这是人天生的傲慢而导致的，人工智能更应该称作是机器智能，这是一种让机器学习的过程。其实，人的智能很多方面都在被机器所改变，这是科技进步的潜移默化的结果。所以我们作为人，完全没有这种骄傲的权力，人的智能和机器的智能其实是并行的。这堂课让我下定决心要更多地接触人工智能方面的各种知识。

16121391

郭毅可和顾骏老师从文理两个角度去解释机器智能，从图灵实验出发，解释了传统意义上的人工智能的缺陷，也解释了真正意义上的机器智能。机器智能不是单纯地去模仿人类，而是能够自我进化与协作，也能和人类共存，互相沟通，是二元共存的。现在需要一个沟通的方式，能够准确表达机器和人类的意思。机器智能有着十分诱人的前景，希望未来能够看到机器智能最终与人类共生的时代。这样的课程非常有趣生动，并能够开阔人的思维与眼界。

16121406

这节课不说我实际上学到了什么，单就对眼界的提升都不会是一星半点的。我收获最大的地方莫过于对图灵测试的了解以及对于未来图灵测试该如何演变以适应科技的发展有了大概的知晓。

16121409

第一堂课，我不但对人工智能有了更深刻的认识，更收获了新的思考方式，感觉脑子得到了极大的训练。两位老师从两种不同的角度来看待人工智能，十分有趣，我的思维角度也会更多元。我也深深认识到文理之间相辅相成的关系。郭老师的“人类和机器可以交互”的观点十分新奇，机器也有自己的“人”格，有自己的思维方式。另外，在顾老师深入浅出的讲课中，我明白了什么是操作性定义。图灵测试就是操作性定义，采用操作性定义能比较方便地定义难定义的东西,让我们有可以讨论的起点,而不必纠结于概念。预设前提这个概念也十分有趣,由预设前提出发可以得到与原来体系不同的方向,这种思考方式十分有用。

16121410

作为一名计算机工程与科学学院的学生,我经常会想有哪件事是人类能做而机器智能永远不可能学会做的。当人工智能发展到一定水平时,人类的一切都能通过算法来模拟重构吗?当我们知道人工智能已经能够作画、写诗、下棋、摄影,并且做得远比大部分人类优秀时,我们该如何界定人类智能与机器智能的关系?这已经是一个哲学问题,而不是单纯的计算机科学领域的问题了。古代的哲学和自然科学相辅相成。我相信今天的计算机科学领域的这个命题也同样需要与哲学结合,给出一个能够指引人类方向的答案。今天我真心赞同郭老师的观点,我们的科学探索是为了摸清楚人类自身的位置。正是基于这样一个道理,我们对人工智能,确切地讲是机器智能的探索,就是为了摸清人类智能所处的位置。也许在未来,人类能够找到答案。

16121459

之前,我只是单纯地从技术层面去认识"它"。今天,我才知道科学的目的是为了探索,为了挑战,我以前的想法只是人类傲慢的表现。不过我还有个问题想不明白,就是如果"机器智能"与人类智能平行,并能相互交流融合,而且"机器智能"也能够创造新的"机器智能",我们是否可以把这种"机器智能"称为生命,一种由电流和代码维持的生命?

16121499

郭老师指出图灵测试的矛盾之处就在于图灵把人工智能作为人类智能的附庸了,认为人工智能的发展就是靠不断模仿。郭老师的新观点给了我一种醍醐灌顶之感。他认为人工智能其实是与人类智能平行的,双方应该和谐相处,相互依存。不得不说,这观点确实令人震撼。现在,人工智能的时代即将来临,而我们要做的,就是站在时代的风口浪尖,把握住发展的节点,真正地实现目前所期待的,即人工智能与人类和谐相处的社会。

16121578

人工智能是科学,也是哲学。我们应当以客观、谦逊的态度面对人工智能。

16121693

第一次课就给我留下了深刻的印象,除了课程本身的丰富性与开拓性，还因为郭老师与顾老师生动有趣的“争吵”。针对图灵的话题，两位主讲人各有见解，却最终归为同样的话题：人工智能应称作机器智能，人类不应当以傲慢的姿态想着支配机器，而要持共存的态度，机器智能时代即将来临！我提出一个问题，针对郭老师提出的脑电波信号相关问题，我认为对个体来说，每个人的脑构造都是不一样的，那么发出的脑电波必然也会有所差异，请问这个问题如何得到妥善解决呢？此外，因个体差异而产生的智能，是统称为人类智能呢，还是说可以分开而论呢？

16121916

我看过《模仿游戏》，但那时更多的是为图灵的故事感到唏嘘和惋惜，并没有关注和思考图灵的思想，但通过这次课，再次回想起记忆中的这部电影，才发现这一划时代人物的伟大。社会是在一次又一次的变革中发展起来的，因此在评判一个思想的正确性时，应该将其放入当时特定的历史环境下。但令人气愤的是，一些人抓住图灵测试中“机器智能应与人的智能所比拟”这一在当时环境下利于人工智能体系构建和发展、但现在看来却有些不适用的“漏洞”，将其作为大力鼓吹“人工智能威胁论”的所谓论据，甚至弄得人心惶惶，却完全忽视了图灵思想的实质和价值，也歪曲了科学和研究的目的。人工智能作为近些年来国家和社会密切关注的领域，作为理工科的学生，我们不应该抱着一种“如果我从事这个行业，将来就能赚大钱”的肤浅心态，而应树立一种科学家意识——“放弃对自身智能的傲慢，探索人类的未知”。课堂上两位老师精彩的思维碰撞，不仅使我对图灵和人工智能思想有了深刻的认识，还使我对自己目前的学习态度进行了反思。

1612075

我非常喜欢郭老师的理论，人对待自然、对待万物不应该是持一种傲慢的姿态，如果人工智能真的发展到了与人类智能相同的地步，那么必定会产生情感，那么我觉得可以称其为人了。如果以傲慢的姿态对待之，我觉得《终结者》中的未来出现在现实世界里也不足为奇。人类可以说是在不断的欲望满足中进步的，达尔文的进化论我觉得就很适合人类，没有欲望，我们估计还会停留在原始社会。人工智能这个概念既然被人们普遍接受，那么肯定是人类所需要的，我们就应该更积极更平等地去接受人工智能，而不因一些社会性问题而故步自封。

16122119

老师在课堂上说过这样一句意味深长的话：世界观决定了你的发

展。在我们讨论“人工智能”这个词的时候，很多时候正是我们的世界观限制了我们，从而把目光放在了“人工”上，而忽略了它的实质是“智能”；甚至连“人工智能”这个词语都是一个伪命题，关键在于我们真正创造的应该是一种“智能”，而这种智能是未必需要以人类思维为标准而存在的。如同世界上存在看多种多样的生命体，智能也应能平行地存在着，以人类中心主义的目光来审视机器智能，是充满傲慢的。

16122242

“人工智能”，不对，应该是“机器智能”，这门课程激发了我的好奇心和想象力，这是我上过的最有趣的一门课程。因为从小就喜欢看科幻片，以前对于机器智能的理解都是通过电影上面的描述来了解的，今晚我对于人工智能有了新的认识。

16122295

“这是一个好的时代，这是一个坏的时代。”现在的人工智能行业很火热，各种方面的发展研究如雨后春笋，但是，巨大的进步背后常常就是黑暗的瓶颈，我们无法预期能走到哪一步。有人认为会爆炸，有人担忧自己，我愿意为其尽一份力，添一把火，若是爆炸，就再猛烈些吧！

16122429

今天课上令我印象最深刻的一幕是郭老师对人类傲慢的批判：我们研究科学的目的从来不是为了让世界为我服务，而是探索世界的未知。这不禁让人感叹科学家的境界就是不一样！但我持有不同的观点：就如同大自然创造了人类一样，千百年来人类试图征服大自然，但从未真正成功过，反而越来越敬畏自然，因为人类无法摆脱大自然的法则；同样，人类创造了人工智能，随着其不断发展，必然也会有相应的更加完善的法则去约束它。人类历史上的每一次技术革新在一定程度上都是为了更好地服务人类，我认为人工智能的发展就是为更进一步提升人类的生活品质。在这一点上，我坚持人类的傲慢。

16122431

学校新开的课，我被吸引了。我之前也修过学校的其他几门系列课程，感觉课程质量很高。学校汇集优质师资力量为我们打造新颖、优质的课，能够让学生真正有所思、有所悟。课上郭老师和顾老师从不同领域诠释了人工智能，一个诙谐幽默，抽象逻辑性强；一个通俗易懂，辩证性强。可谓是文理思维的碰撞，强强联合，优势互补，为我们带来了一场绝妙的课堂体验。课上印象最深刻的是郭毅可老师自信满满地说出：“我们科研工作不是为了服务人类，它永远是为了对未知世界的探索。”这句话显示了科学家对于科研事业的自豪感、对于探知未知世界的满足感。不为自己，不为人类，单纯是为了无尽的探索。我想这种没有任何杂念的探索精神是我们所缺乏的，也是我们所必须拥有的。人工智能的趋势不可避免，我们也无须畏惧，开拓思维，拓宽视野，不要把人工智能仅仅拘泥于与人的智慧相比较，它们没有可比性，也无须比较，我们需要做好与人工智能的交互，相互促进，相互学习，摒弃“人类的傲慢”，共同完成对于未知的更深层次的探索！

16122639

人工智能是当今社会最热的话题之一。这堂课我完完全全听了下来，甚至还没听过瘾，在J102享受大咖带来的思维体操是一件很美妙的事情。

16122778

图灵，一个伟大的计算机领域的科学家，一个对计算机领域有着巨大贡献的人，当然不可否认他的贡献，但我们也对他的观点进行批判性学习。我们不必对图灵所做的工作做研究，而要从他所做的工作中找到其思想的核心所在。科学是无所止境的，我们必须站在巨人的肩膀上，还要有所突破。

16122868

今晚，课堂气氛很活跃，让人每一分钟都投入进去。更让人惊喜的是，两位老师从不同专业的角度讲出了殊途同归的道理。这种跨学科讨论同一话题的形式很新鲜，让人很有收获。不过，我还是有一点疑惑，真的存在超越人类智能的机器智能吗？机器的所有行为都按照人类赋予的指令，它无法做出超出指令范围的行为。这和外星人有本质的区别，外星人的任何活动都不受限于人类，但机器却是。如爱因斯坦在牛顿的理论的基础上可以发现相对论，而机器人只会用牛顿的理论去解决问题，不会衍生出新的东西。即便可以编写一个程序让机器人懂得自己学习，那么这种机器人完全可以学习写代码，让自己不受人类控制，但这种情况人类是不会允许的。再高端的机器智能都是受限于人类智能的。外星文明和人类文明之间称得上是平行的，而机器智能更像是人类为了简便自己的生活而衍生出的一种智能，它是人类智能的产物，并且不会自我发展，它的一切行为都受控于人类。

16122986

纵览时间长河，很多新生的技术在一开始都是举步维艰的，人工智能也不例外。但幸运的是,人们接受和学会使用新技术所需要的时间越来越短,人工智能产品投入市场是有益的。因此,在我看来,将已开发出来但还需完善的人工智能产品投放市场,使其进入人们的生活只是时间的问题,但要想真正掌握人工智能,开发出完全符合研发人想法的智能产品还需各方面的努力。

16123024

我感兴趣的是未来人工智能的发展对我们生活的挑战!未来机器智能的应用在很多方面,我们人类无法去取代!人们该何去何从?机器成了一个独立的个体,有身份、思考能力、生活、工作,还可以相互交流。人的工作意义和生活存在,值得我们深入思考!

16123165

人类以自我为中心而提出的人工智能的说法,但是随着其不断发展,人工智能开始在多个领域赶超人类,达到人类智能所不能达到的境界。所以人应该改变对人工智能惯有的俯视姿态,而选择平等地看待人工智能,接受在部分领域被其超越的事实,人工智能才能有更好的发展,取得更大的进步。

17120006

从人工智能到人类智能,到植物水的智能,再到宇宙的智能,老师们为我们解答了疑惑,让我们无须顾虑,进入这片新天地。

17120470

第一课,我最喜欢的观点是:“我们不能因为它们和我们思维不一样,就说它们没有意识。”这也是机器智能最吸引我的地方。我认为能自主思考的 AI 具有跨时代意义。我印象最深的是老师正在进行的研究,涉及电信号和神经信号的转换。上学期钱伟长学院有一场讲座,主题是“脑智融合与脑机接口”,两者似乎有共通之处。机器与生物之间的交互非常神奇而精妙,如果机器能学会人类的思维模式,那超级人工智能大概会变成现实吧。关于这点我还有一个脑洞:连接人脑的 3D 打印机……

17120491

一堂课最珍贵的品质是幽默与思想并存。它们将智慧通过令人欣喜的方式传达给了听众。对于这堂课,我印象最深刻的是:顾老师与郭老师都提到,机器智能对于人类智能的影响其实在不知不觉中已经渗透到人类生活中,我们在致力于让机器更加“智能”的同时,机器也在改变着我们,改变着人类的思考方式。譬如记忆与学习,这一点让我印象深刻,联想到一个哲学的观点：人类驯化了水稻，水稻也驯化了人类。郭老师一再强调人类不能以傲慢的姿态对待机器智能，因为存在于人类周围的，不论是先于人类出现的事物，还是人类自己创造的事物，其存在意味着一种能够改变环境的可能。对于人类来说，机器智能是环境中的因子，而对于机器智能来说，人类又何尝不是它们环境中的因子，改变是相互的。所以，老师们在课堂上提到的一点让我十分触动，那就是只要人类与机器能够沟通，即能够明白对方的“行为”、意图，那么机器智能的存在便不是一件可怕的事。简单地说，这样一种安全的状态，大概就是：人类被机器改变并不要紧，重要的是我们知道被改变了什么。这堂课让我懂得了人类不能傲慢，因为谦逊能让我们在透彻地了解机器的同时，也能清楚地明白自身的价值。

17120933

郭教授提到的一点使我记忆深刻，那就是去探索、发现、认识这个世界的奥妙才是科学。郭教授提到脑电波，我有一个脑洞：如果计算机通过记录脑电波来辨识我们看到的画面，那能否反过来看，计算机通过机器使我们的脑子有这样的脑电波，让我们看到我们想看到的画面，这样是否创造出一个虚拟世界？

17120970

对于我来说，最重要的是一种思维方式，即剖析问题尽可能哲学化，这是我需要学习的。过去看问题我可能只关注我喜欢和认同的。希望从现在开始，我能学会辩证地看待问题。

17121072

我印象最深的一点便是郭老师传递给我的一个概念：平行智能。当今世界，人类作为食物链顶端的生物藐视众生。我们应该秉持“万物皆有灵”的观点来看机器智能。将机器智能视为一种平等的生物，只有在这种思维下我们才能更好地去探索这个世界的未知。

17121153

这节课于我而言就是“有所思”。我很幸运能在上大听到这样的课程。这很有价值，我也很赞同这种开放课程的理念。

17121184

两位老师别具匠心的课程设计引人入胜。第一堂课以“图灵到底灵不灵”为话题，展现一个领域开拓者的探索始末，同时两位老师的风趣自嘲，彼此调侃，这些都给我留下了深刻印象。术业有专攻。两位老师从哲学与科学两个维度给出机器智能的定义，最后的观点却殊途同归，即机器智能与人类智能是居于同等的地位，相形互生。一方面，在这堂课中，我初步了解了人工智能之父图灵的杰出成就，对整个机器智能领域的开拓、奠基的作用，另一方面，我从图灵和两位老师身上体会到的一种治学的本真、一种求索的态度。人类发展至今天，以哲学与科学为行进的双脚，在第四次技术革命浪潮不断蓄势的背景下，人类绝不应忘记，发展科技最原初的念头是探索未知，而不是以野蛮傲慢的姿态睥睨脚下的世界。真理的海洋面前，人类是且永远是一个捡拾贝壳的孩童。面对即将到来的机器智能时代，社会诸多领域必将发生深刻变革，人类如何自处，如何实现与机器智能相互理解，相向而行，注定是历史的潮流。

17121591

“图灵到底灵不灵？”这一有趣而又一语双关的话题在让我们感到有趣的同时，又让我们产生了思考。正如课程要求，人工智能时代的来临，我们人类智能要学会与机器智能共融，学会互相理解，相互交互，放下原本庸俗而又傲慢，且妄图掌控人工智能的想法，相互理解才是未来的方向。

17121684

我有一个问题，交流是双向的，若是机器能从人的思维中得到未知信息，那么人是否能从机器思维中获得“新信息”？

17121687

今晚，我受益最深的是改变了旧有的思维方式，分清了人类智能和机器智能。我有一个猜想，假如通过某种方式让人类的思维（尤其是涉及情感方面的）和机器的强大数据处理能力相融合，形成一个共生体，这能弥补人类数据存储量小、处理速度慢以及机器难以模仿人类情感的缺点，两者融合起来定能碰撞出不一样的火花。我们应当对机器发展怀着一颗敬畏之心，机器发展到一定程度时，定能反过来加速人类在科技上的进步，机器智能时代的到来，在人类的发展史上定会写下浓墨重彩的一笔，它的存在也会带来伦理和社会学方面的问题，但勇敢地面对与探索，不就是科学的真理所在吗？

17121706

选到这门课实在是非常幸运的。第一节课的内容冲击了我以前对于人工智能，确切地来说是机器智能的理解。机器不仅是工程的产物，也是科技的体现。本课最具灵魂的一句话：科学不是为了服务于人类的，而是为了探索世界的未知。对于我们来说，机器智能的未知正是我们发挥科学精神、努力探索之处。

17121768

题目“图灵到底灵不灵?”抓住了我的眼球。两位老师在相互“调侃”中告诉我们,人类智能和人工智能的基本概念;告诉我们,人为万物之灵,他拥有的智能是最高的,但切忌傲慢自负。

17121849

“图灵到底灵不灵?”一瞬间便吸引到了我。正如这门课创设的初衷一样,创新、质疑、思考,这个话题一下子让我的脑洞大开。两位来自不同领域的教授从不同视角、不同理论体系深入浅出地做了讲解。通过这节课,除了让我对人类智能、机器智能有了更近一步专业化的了解外,更重要的,是打破了在我的认知里固有的传统而又可笑的思维。首先,在机器智能发展迅猛的这几年中,智能化设备带给我的无限便利让我自以为是地认为这就是人工智能服务于我们的优势。这种傲慢自大的人类自负心理在这节课上,通过郭教授的讲解让我觉得无地自容——人类智能和机器智能是平行的,是需要和谐共融的,而科学研究也绝非是为了服务于人类。接着,郭教授又用了非常诙谐幽默的讲解化解了我的一个看法,他认为对于人工智能的兴起没有必要感到忧虑。的确,一个新兴产业的发展在带来一定比例失业的同时必然会带来更多的机会,我们因此而退化的某些方面是为了腾出更多的空间去学习另一个领域。这堂课让我深深地体会到“站在巨人肩膀上”的力量,愿我的脑洞和视野能不断扩大。

17122024

今天郭老师的一席话“科技从来都不是用来服务于人类的,科技是用来改变世界的”,使我感触良多。一直以来,我对于人类与机器智能的关系的看法,都是“创造与被创造、支配与被支配、操纵与被操纵”。直到上了这门课,我才知道自己的思想是十分浅薄的,也许人类智能曾经处于主导地位,但是如今的机器智能一直在以一个令人惊叹的速度飞速发展,两者相互渗透,已经不存在一方占主导的局面,应该是一种良性的共生。此外,我对机器智能还存在一个疑问。虽然说不该用人类智能的思考方式去看待机器智能,它也自有其不同于人类的生存方式,那么,机器智能是否可以产生灵感、直觉以及情感呢?我可能问了个蠢问题。

17122033

老师们对于人工智能的哲学思考,打开了我思想的一个新世界,能够略微摈弃作为人类智能对于机器智能的那种高高在上的傲慢,而将它们看成是一种平行智能,并非是在模仿而逼近人类智能这么简单。

17122095

图灵的一句话“我不否认它是不灵的”带给我们深思。在社会科技高速发展的今天,少时看电影中出现的机器人技术在现在也已经成了并非遥不可及的未来。人工智能的自动化、先进化不禁让我感慨世界变化之快,我们也应该去主动更新自己的思维,跟上这个时代的节奏,在探索、思考、质疑中解决问题。郭老师最后总结中有一句话:人之所以为人,是因为人喜欢去挑战自我,没有什么淘汰掉的东西是值得去回忆的。是的,人永远会在进步中成长,在困境中学习,并且不断地进化。这样,才会有现在精彩绝伦的世界!作为学生,我们要努力学习知识,跟紧时代的步伐,在人工智能到来的时代有立足之地。

17122203

很幸运走进“人工智能”课堂,这堂课使我受益匪浅。第一堂课打破了我固有的思维模式,使我开始了解所谓的“平行智慧”。确实,世界上不该也没理由只有人类智能,人工智能同样可以绽放出光彩。所以,当人工智能的时代已经势不可挡,我们人类应该放下固有的傲慢,与人工智能相互促进,共同进步。在与人工智能的较量中,人类可以不断挑战自我,超越自我,从而提升我们的思维。当然,不可过分担忧失业问题,因为人是有无限创造潜能的。与人工智能共生共存,也许是我们最好的选择。

17122306

在计算机课的学习中,我就了解过“图灵测试”,当时的我觉得这是一个很聪明的方式,图灵不用很精确的词汇定义“智能”,而是让人自身来判断机器智力的有无。而今天,郭老师却让我知道图灵测试也不是完美的,机器非但有智力,甚至可能超越人类。“机器智能”这个词让我印象深刻,在此前,我总无法清晰地理解什么是人工智能。郭老师的观点告诉我,人类与机器是平等的,机器智能就是机器自身拥有的智慧,它不由人类创造,机器之间可以通过互相学习,提升它们的智慧,人类也应与机器平等地交流。近些年,有不少关于机器人将在未来威胁人类、人类无法支配机器等言论,但此堂课新颖的思想,教育我们要放低姿态,以平视的态度和智能机器共存。而同时,还存在着诸如机器与人的伦理、人如何和机器交流等问题,等着我们去思考和研究。

17122327

首先抛开课上讲了什么,两个大咖站在一起,先后讲解同一问题并不断"互掐",能看到这种大师级的碰撞,在这样开放有料的课堂中,我感到很幸运也很震撼。对于课堂内容,主线上,我从没想过一代宗师图灵的"图灵测试"不但在某些方面已经落后于标准,还存在着一些思维逻辑与哲学上的错误。这一观念瞬间使我对人工智能的认识宽阔了太多,我也认识到人工智能不再是之前以为的一个学习算法、一台计算机,而是机器智能,是能越过人类傲慢思想的机器智能。对于主线之外的,郭老师已经从哲学角度去思考和研究,我也瞬间被其自信、睿智、有思想的人格魅力"吸粉"。

17122505

对于机器智能,我们应该以更加客观而真实的观念去对待之,不能妄自以某种定义来否定之。我最大的收获就是学会以求知的态度去发掘我们生活当中所有的一切。

17122513

这堂课在我心中埋下了"平行智能"的种子。希望在之后的课堂中,我可以继续探索这个神奇的领域,探索人工智能哲学!

17122585

郭老师说,一个人的世界观决定了他的研究道路。我们的眼界不够宽,世界观也不全面,很多方面都很欠缺,需要开拓的东西有很多。

17122607

这堂课坚定了我走上科研道路的决心。我也萌发了一个假说:为什么解决事情的能力已经远超我们的机器,没有对世界的认知能力?我觉得是有原因的,不仅仅是因为智力的不同体现形式,下次有空我会对老师提出我的假说。

17122634

本次课收获颇丰,让我印象最深刻的部分:一是机器智能和人类智能不能等而论之,机器智能(而非不平等状态下的人工智能)可以看作另一是可沟通智慧;二是图灵的思维突破点,即以操作型定义代替传统定义;三是图灵高于常人的地方,他不认为自己完全正确,即不因自己的理论而自满、而傲于他人。我以为能混同于人类智能并不等于具有智能,而是(目前来看是人为试图令机器具有)可沟通人类的智能。当前较为尖端的科研方向虽然是致力于超越人类本身的,但不得不承认其(推向市场的)应用仍为所谓"创造出来为人类服务"的,而这也是公众对人工智能最普遍的认知。

17122648

今天的课我全神贯注参与了。老师们非常有思想。这节课真的打开了我的脑洞,让我对于“人工智能”(现在应该叫做“机器智能”)的理解有一个很大的提升。郭老师的讲述虽然有很多的专业术语让我摸不着头脑,但我最为惊叹的是郭老师思想境界的高度。这让我对机器人有了更多的理解和尊敬。顾老师讲课十分生动形象,很通俗易懂。他说操作性和内涵性定义的时候,联想到了很多,尤其是平行宇宙,让我浮想联翩。

1712893

郭老师的观点侧重严谨的科学研究和实际应用,类似万物皆数的唯物观,机器智能这一观念令我惊叹。万物有灵,机器应有人一样的地位和思考,放弃认为机器是为人类而服务的这一傲慢观念,平等交流和对话才可真正发展“人工智能”。

17123117

郭毅可和顾骏老师的“华山论剑”,真令我眼界大开。郭老师的演说着实生动风趣,原本在计算机课本上深奥难懂的“图灵测试”,被其以生动的形式呈现在了我们眼前;灵与不灵的辩证关系,也第一次令我感到“人工智能”的深刻内涵。顾骏教授以一种哲学与生活的方式来解释“平行智能”的深刻意义,更体现了人文的睿智与高明。原本在自己心中,总以为“人工智能”的诞生是为人类服务的,而两位老师对于“平等”智能的理解令我肃然起敬。傲慢、庸俗,人类智能不会是世界上最完美的智能,人类应当是以平和的态度探索机器智能,尝试与其“和平共处”。不只是对待机器智能,平和与谦逊更是一种对待科学、追求学问的心境。第一堂课,我收获了不少知识,但更多的是思想。

17123125

第一节课带给我第一感觉就是惊艳和惊喜!顾骏老师有着深厚的社会学专业背景,我本以为老师会讲很多关于人工智能与社会伦理方面的问题,没想到他更多的是在讲人工智能本身是什么以及它的历史渊源。这带给我耳目一新的感觉!有一个问题我想要提问顾骏老师:老师在上课时提到历史唯物主义的预设,说人类要吃饭,但人要吃自己生产出来的东西。这一点我很认可,但是顾老师后面又列举了蚂蚁的例子,蚂蚁不也是在吃自己生产的东西吗?请问这要如何解决,我的猜想是这个预设只考虑人类而不考虑其他动物,所以探讨其他动物没有任何意义,若要探讨其他动物则需要另外的预设。

17123688

人工智能仿佛是这个时代的灯塔,人类在茫然摸索,看到的是未来。老师在回答某一同学的问题时谈到,人类发明机器人,创造人工智能并不是为了服务于人类,而是为了探索这个世界的真理。这一句话振聋发聩。

17123949

无论机器智能还是人类智能,都只是客观存在的一种思考方式。每一种思考方式、每一种智能都是平等的,人类不应该狂妄自大,更不应该去征服称霸,每一种智能都有存在的意义。人类智能其实也只是其中的一种智能方式,甚至我觉得可以这样说,人类智能也只是细胞们的机器智能,也可能是基因的机器智能。今晚的课堂氛围欢快,让我们见到了不一样的上海大学的教授们。老师们的互相打趣,让我们真正看到了科学界大佬们平易近人的一面。

二、人工智能是如何长成的？

时间：2018年4月2日晚6点
地点：上海大学宝山校区J102
教师：武　星(上海大学计算机工程与科学学院副教授)
　　　骆祥峰(上海大学计算机工程与科学学院研究员)
　　　顾　骏(上海大学社会学院教授)

教　师　说

内容：人工智能的发展历程与内在结构

全面介绍纵向的人工智能研究三个主要阶段和横向的机器智能构成与实现路径。重点介绍大数据、算法包括逻辑思维、非逻辑思维和算力，涉及硬件支撑和云计算等；厘清有关人工智能的构成，重点介绍知识表达、知识推理和知识获取这三个方面。

学　生　说

14120976

武老师和骆老师今天给我们带来了“人工智能是如何成长的”。武老师认为云计算、大数据和人工智能一起定义了一个新的时代，云计算是支撑平台，大数据是燃料，人工智能是关键技术，以后的运算要直达云霄。骆老师则用鲜活的实例生动地讲解了目前人工智能可以做的事情，让我们认识到了人工智能在行为和情感等方面所能达到的一个状态。

15120571

今晚，两位老师梳理了人工智能的发展脉络和现状，让我想起了2017年炙手可热的一本书——《未来简史：从智人到智神》。机器会假装不通过图灵测试吗？狗会反过来测验人类吗？这样的问题没有标准答案，却引人深思。摩尔定律经历了几十年的考验，机器智能的智能程度似乎没有上限，一切皆可期。人类如果不能走在机器的前面，至少，如果不能发挥充分的想象力去驾驭或者说和机器智能并行，那我们如今前进的每一步都可能是在把自己推向危险的境地。对于机器智能对我们生活带来的改变，我们仍该抱持感恩和期待的心情，机遇总是伴随着威胁的。机器智能，值得我们既仰望星空又脚踏实地地前行。

15120938

人基于对自身的理解产生了人工智能，若想模拟人类，人工智能仍受限于编程；但人工智能能通过自我学习而演变为机器智能，这结果会是怎么样，现在的我们仍不可知。但我在想，自我学习的算法终究也是人类写进去的，谈何无法预测，与人不同？机器智能的不可知性是不是体现在机器对已知的算法进行大量迭代后，得到的结果是我们人类无法凭自身计算得到的？

15120999

今天我们又接触到了很多以前不知道的东西。令我印象最深刻的是ABC时代，在ABC时代里，未来人工智能将像电力一样重要，对个人数字生活起到主导作用；大数据将类似于新能源，拉近服务商与用户的距离，形成供求之间的精准对接；云计算则为各种应用和服务运营的落地提供平台基础。我感觉未来人工智能与传统产业相结合必定会给我们的生活带来翻天覆地的变化，并且随着人工智能技术不断地提高，我相信越来越多的传统行业可能会被替代。我们应该赶紧找好自己的定位，看准未来，争取具备不可替代的价值！

15122373

本课主题是“人工智能是如何长成的”，这个“长”字用得很传神，赋予了机器智能生命力，把机器智能看成是人类智能的孩子，然后从人类的视角去关注它是如何一步步地成长起来的。武星老师提出的“如果机器智能假装不通过图灵测试”着实打开了我的脑洞，同时也引发了我的深思，任何事物的发展都不是一帆风顺的，其间必然是一波三折，人工智能也是如此，经历过高潮也碰到过低谷。如今的人工智能可谓是进入了高速发展的时期,未来的机器智能将智能到何种地步,我们无法想象。正如骆祥峰老师讲的,到时候到底是我们训练“狗”,还是“狗”训练我们?问题的答案不得而知。庆幸的是我们人类的大脑目前只开发了5%,还剩95%未开发,或许未来也可以借助机器智能帮我们开发这剩下的95%,这样我们人类智能也不会落后机器智能太多吧。

15122722

两位老师的讲课都很精彩。课中提到了阿西莫夫的“机器人三定律”,也提出了人工智能的基础设施、生产资料、生产工具这三者的关系。人们对人工智能的探索才刚刚开始。现阶段的人工智能还有很多缺点。我们自己都还完全不了解自己,人最基本的情感或者说情绪的一个反应途径就是人的脸部表情,但是对于机器人而言,其未必需要像人一样具有皮肤这一有机组织,机器人完全可能有另一套情感体系和思维方式。如果我们的人工智能可以有人脑所拥有的所有基本功能,那么机器就是无机世界的文明了。

15122992

人们对人工智能进行编程让其产生智能,它是一个自学习的方式,将两种智能相结合,优胜劣汰,但是对于自学习,我们又无法得知人工智能是如何推理得出一系列结论的,而人为编程的过程是可以逻辑推理出的。这是思维方式的不同,即如当年的条件反射实验,从人的角度,记录狗的条件反射,在狗的角度,狗可能会想我流一滴口水,那人就会写字。对于人工智能也可以有这样的想法,我们并不知道其真实的想法。我们还看到了乒乓机器人的合作模式和竞争模式,两种模式的人工智能,一者尽可能地多接球,而另一者的竞争机制是让打法更多变。所以机器人也许通过自学习,其能力会超过人类,以至于拥有人类的情感。几年前的各种人机大战,也表现出了机器智能的强大,人类也许可以通过机器智能更透彻地解析自己的大脑。

15123098

课程策划人顾骏老师在问答环节的补充生动有趣,尤其是关于择偶标准的解说获得了大量掌声。印象最深的还是顾骏老师对人类想以5%开发程度的大脑开发95%剩余部分的说法。科技的发展有时候也令人“细思极恐”。

15124764

武星老师带领我们以人类的视角回顾了人工智能的发展历程,那个呈波浪形上升的曲线让我更深切地体会到，任何事物的发展都不是一帆风顺的，总会有低谷和瓶颈的出现，这也让我联想到了一句话，“如果你注定要做个默默无闻的人，与其去做默默无闻的画家、音乐家，不如选择做一个默默无闻的科学家”。科学是一个集体劳动，看到武老师为我们展示的推动计算机人工智能发展的一个个科学家的照片，我想正是因为有了这么多或大名鼎鼎或默默无闻的科学家的一点一滴的贡献，人工智能领域的研究才得以突破一个又一个波谷而到达现在的水平。

16120265

关于人类大脑开发人类大脑的不可行性的讨论让我脑洞大开。

16120538

“以逻辑推理方式的行为是可以预测的，而深度学习是不可预测的。”在艺术领域，我们有很多关于机器人的电影作品，仅作为科幻电影来看，我们总是觉得不可思议。机器人能够发展到这样拟人、逼真的程度吗？即使能够做到，是否还可能需要很长的时间？人工智能是在人类自身思维上进行的设计，按照第一节课的思路，人类设计人工智能是为了挑战人类本身的智商极限，而现在的事实能够证明机器在不断地自我更新，用它们自己的方式、极快的学习速度，暗示着它们拥有自己的行为逻辑方式。人类如何摆正心态，看待人工智能的发展呢？这是一个不小的挑战。虽冠以“人工”，但它们早就不是人的“生产结果”。

16120656

同学留言中对课程的总结千篇一律，有趣的想法却色彩缤纷。课后感想不仅要把知识反馈给老师，还要提出自己的新点子，哪怕它们是天马行空的。今天课上，老师们通过一个个有趣的例子来吸引同学们关心人工智能，激发对于人工智能的兴趣，培养用于创造人工智能的想象力。

16120700

未来，人工智能城市大脑会将交通、能源、供水等基础设施数据化，到时，城市大脑可以对整个城市进行全局实时分析，自动调配公共资源。虽然前段时间的自动驾驶事故使得我们对人工智能发问，但历史的发展终将是人工智能的时代。人们渐渐意识到，早在之前就有的机器人已经具备极高的智慧，霍金也预言 AI 迟早会替代人类，并且就在 2100 年前后。虽然现在人工智能还在发展初期，但未来的某一天因为一项细节性技术的提高而使得人工智能得以迅猛发展。人工智能发展到 2050 年的前后，能替代人类 90%的工作。但是，就像全球化能缩小各个国家的物质水平差异,但思想、文明的发展却是没办法快速变更的。这到底是机器智能还是人工智能?这是一个比"生存还是死亡"更难以解决的问题。

16120705

正如武星老师的有趣说法,"我们不可能去断机器人的电",我们已经无法阻止机器智能的发展。我们现处于一个充满了弱人工智能的世界。汽车上有很多的弱人工智能系统,手机也充满了弱人工智能系统。垃圾邮件过滤器是一种经典的弱人工智能,谷歌翻译也是一种经典的弱人工智能。如果离开了这些东西,生活可能变得一团糟。面对课堂上武老师提到的"故意不通过图灵测试的机器智能",这让我想起了《冰与火之歌》——让大家斗来斗去的事情都不是事,北面高墙外的那些家伙才是事。我们站在平衡木上,小心翼翼地往前走,为平衡木上的种种事情困扰,但其实下一秒我们可能就会跌下平衡木;而当我们跌下平衡木的时候,其他那些困扰都不再是困扰。如果我们落到比较好的那个吸引态,那些困扰会被轻易解决;如果我们落到比较糟的那个吸引态,就更没问题了,死人是不会有困扰的。机器智能与人类的未来就是这么一回事。

16120751

人工智能的发展从一开始是让机器可以有人的智能,让机器也可以像人一样去学习、思考。培根说过知识就是力量。这对机器来说也是适用的,必须要理解才能翻译,而理解需要知识,于是有了人工智能的初期想法。人工智能的长成有一个很长的历程。现在是ABC时代,在这个时代谁得数据,谁得天下,大家都想拥有更多的数据而获得更多的收益。比如现在的共享单车——摩拜,其领域不仅仅只是给大家借用自行车,而更多的是通过收集数据来分析每个用户的信息需求,投放一些精准的市场信息来获取收益。人工智能在现阶段发展得好是因为有很好的物质基础,机器智能要有一个很好的物质载体,若只是有思想却没有寄托的载体是不行的。对于人来说,智能包括思维、情感、行为智能,而对于机器智能来说也有了这些能力,它通过编程算法来获得。机器智能的学习是一种规则学习,用一句古话来概括:一生二,二生三,三生万物。

16121019

顾老师的开场让我不禁脑洞大开,当我们所谓的人工智能已经能够有意识故意不通过图灵测试的时候,是机器已经达到了人工智能了,还是人工智能创造了人工智能了?武老师对从20世纪50年代至今的机器智能在不同时代的演进及其内涵作了详细的介绍,而骆老师就如何使机器产生智能，从思维智能、行为智能、情感智能方面逐一阐述。当我还在思考人和人工智能最终将会有怎样的关系时，骆老师举出的生动形象的例子让我陷入沉思，当人们觉得摇铃已经使狗狗产生条件反射的时候，狗狗会不会也同时在对人类的行为进行思考和判别。所谓"大智若愚"，最终是否会隐藏在人工智能里？

16121022

今天武老师和骆老师列举的一些例子，例如"狗反过来训练人"、"机器姬"、人工智能的艺术创作以及人工智能从深蓝在象棋领域战胜人类到AlphaGo在围棋领域战胜人类的发展史等，都从浅显易懂的角度向我们阐述了人工智能中最重要、最基础的原理与知识，同时也使得我开始深思："人工智能不断发展，当它们假装在图灵测试中失败，我们又怎么才能知道？凭借我们的智商，我们真的有能力去理解机器的智商吗？"无论如何人工智能不断发展，对人类终究是利大于弊的。正如视频中展示的，技术将会给我们带来很多便利。不过，机器情感这一复杂问题，仍是我们未来所要担心的。

16121066

顾骏老师一开场就给我们泼了一盆冷水——专业知识会限制我们的想象力。对我而言还没到这个地步，或许是专业知识还很淡薄……作为"准程序员"，在探讨人工智能的时候，我思考更多的不在于它击败了人类最顶级的棋手、会创作歌词，也不是惊叹它会学习，而是它是怎么实现这种功能的。骆老师列出了一个等式："智能＝物质＋精神？"这个问号是关键。机器智能就是程序员给计算机输入算法程序之后就形成了吗？骆老师的答案应该是否定的。因为机器智能摆脱"人工"，才能称作智能。当武星老师提到正在研究机器自动编写代码智能的时候，我产生了这样的想法：机器智能的形成过程，就是在程序员运行的算法程序之上，通过产生新的代码段，去处理与之相似的数据来进行学习的；或者是把处理过的数据存储下来，再通过类比来拼凑出新的数据。自我更新是机器智能的突出特点，而不仅仅依赖于程序员输入过的代码。

16121173

"人工智能"课最棒的地方是它让我们不断在新的观点里产生属于我们自己的智能。

16121193

人工智能从形成到低谷再到现在的繁荣，这真的是一段非常惊艳的历史。如今我们正好赶上了人工智能大兴的时期,应该努力把握机会。

16121409

我惊奇地发现机器智能的发展历程竟然是一波三折的。从 1993 年开始,机器智能的发展进入一个爆发时期,这得益于现在发达的基础设施。原先我经常会想人工智能怎么做到推理和形象感知的,但想得不是很明白。现在我知道逻辑智能的生成依赖于其中储存的知识图谱和网络,而形象智能的生成依赖于神经网络。人工智能的行为智能依赖于传感器和反馈网络。我觉得基于多种思维的智能是很高级的智能,如果能建立计算、记忆、交互三维学习方法的互相补充机制,将对机器智能的发展促进很大。

16121678

机器智能的发展为我们的生活带来了很多便利、惊喜和福利。它让我们走进大数据时代,让我们的生活更加科学、更丰富多彩,比如模式识别实现身份验证、模式识别实现自动驾驶,等等。随着算法的一步步优化,骆老师为我们展示的机器人女朋友、机器搬运人、情绪化机器人的视频,也让我们耳目一新……但武老师的问题"故意不通过图灵测试的机器智能"让我产生了顾虑。倘若有一天,机器智能发展到拥有可以控制人类的能力的时候,我们该怎么办?机器智能会成为我们的朋友还是威胁?记得曾经看过一部电影,讲述的是机器人发展到一定程度,开始控制人类,统治世界,给人类带来了巨大的恐慌……由此,我不禁想对人工智能可能会给人类带来的威胁发问:在探索和发展机器智能的同时,能否避免它可能会带给人类的威胁?

16121702

现今人工智能之所以能爆发式增长,是因为有了良好的基础设施和生产资料作为物质支撑,在这上面再赋予机器精神上的能力,才有了更加强大的人工智能。人工智能的成长,就好比婴儿的成长,工程师像父母一样教授机器逻辑推理能力、深度学习能力、认知模仿能力等。工程师只是给予机器这样能力,而机器能用这些能力创造出新的东西,这就是机器的智能成长。但是机器智能可以创造多少东西以及创造的上限是什么,我想这些应该是未知的。

16121869

顾骏老师开场提问:算盘是机器智能吗?答案"是"。这使我重新对机器智能的定义进行深刻思考:究竟机器智能是什么?骆祥峰老师给出的答案是,“智能=物质+精神?”智能需要载体,从而体现思维。算盘正是通过一个木框架子,体现了计算思维。智能科技不断地发展,就是在破译机器智能,无论算盘还是计算机,这些发明创造就是在寻找翻译机器智能的载体。但骆老师说,机器智能具有思维能力、行为能力、情感能力,就情感能力这一点,我不赞同。机器无论怎样,都不可能存在情感,人的情感复杂多变,因环境而随时变化,机器很难具备这样的感官能力。另外,情感终究是通过行为来体现的,所谓的情感能力还指行为能力,就是设定程序使机器对特定刺激做出专门反应。

16121916

从机器智能形成时期对于物理符号系统的研究,再到现在日渐成熟的实时感知处理技术,我深刻感受到了这一领域发展之迅速、前景之灿烂,但武老师也提到了前不久发生的无人驾驶汽车撞人事件,这也让我感受到了目前技术仍有不足之处。机器想要进一步突破,就一定要解决感知系统反应速度还不够迅速这一难题。机器智能虽然已经发展到在许多领域可以与人类媲美甚至远远超出人类的水平,但我们如何能够在发展的道路上处理好与AI相互影响和制约的平衡关系,这本身就是一个不小的挑战。

16122119

让智能生成的重要一步,就是使其学习而自我演变,深度学习、强化学习……让机器智能学习的方式,与人类的学习是一致的。当人类谈及自己思维的形成时,现在的我们甚至说不出人脑各位置的具体作用,以至于当我们试图让机器拥有所谓“情感”时完全无处入手。一切说不定会是殊途同归的,我们甚至无法肯定地说,我们的思维、情感,不会是一个庞大计算过程的内部视角,在我们探索机器智能形成的最后,其实也演变成了从另一方面探究人类自己。

16122125

两位老师关于机器智能是如何生成的讨论让我听得云里雾里。我开始搜索脑认知基础、机器感知与模式识别、自然语言处理与理解、知识工程这些闻所未闻的概念。更让我惊叹的是,原来人工智能与连接主义、行为主义、概率统计等这些横跨社会学、哲学、数学等学科的诸多方面都有着千丝万缕的关系。我要开始建立关于机器智能的知识框架,为深入地了解它而建立理论基础。与此同时,这堂课也让我认识到无论是人类社会还是科技发展,只有形成竞争体制,才能推动其发展。

16122242

今天的课又让我脑洞大开,感觉太烧脑了。我感到机器智能实在是太奇妙了,人跟其他动物的区别在于学习能力,机器智能也具有学习能力,可是仔细一想又有点后怕,人工智能本来拥有较高的智力了,还能互相学习,“生”出新的人工智能,现在我相信人类不再是最聪明的了。

16122295

当武星老师提及2045年将是强人工智能实现的奇点年、人工智能将超越人类智慧这一大胆的预测时,我想起《头号玩家》中所设定的背景即在2045年,那是AI盛行的一个时代。下课前,武星老师、顾骏老师对于男女交往标准的问答非常幽默有趣。在我看来,机器人无须为了体现它们有情感智能的一面而真正拥有情感。首先,从理科方面来看,若其真正拥有人类的喜怒哀乐,便自然会拥有对黑暗和未知的恐惧,会大大降低机器人运作的能力和效率。其次,从文科方面来看,人类的情感,实际上是在繁衍和进化中自然选择的结果,即便机器人通过深度学习的方式来习得人类的高级情感,但对其生存、繁衍起作用的要素与人类一定不同。我希望今后更多地学会从理性和感性两方面思考问题。

16122339

我觉得算盘本身是没有智能的,我认为它本身是一个计数用品。它也不会学习,不会思考,没有情感,能够计数是靠人类的拨动和读取。就像用结绳计数一样,结绳本身是没有智能的。人工智能的确可能存在情感,但如骆老师所说,现在的情感都是模仿人类的,我认为人工智能的情感表现方式并不与人类一样,也许电流波动或者信号波动就是它们表达情感的方式,只是人类不理解而已,不是非要用人类的喜怒哀乐去评判。它表现出来的开心或者悲伤或者生气的表情,不过是人类编写的程序,比如它看见苹果就应该生气,生气就应该摔东西之类,这并不代表它本身的情感。

16122547

我很好奇的是如果未来人工智能也拥有了感情,那么它们的感情会是如何产生的呢?会是机器直接产生电磁波的变化吗?如果人类发现了这种电磁波变化,会不会把它当作bug来处理呢?

16122778

人工智能的发展不是一帆风顺的,有高速发展阶段,也有低迷阶段,人生亦是如此。不断学习、与时俱进才永远不会过时。

16122960

今晚,我们对未来充满了各种猜想。人类未来或许会有个机器人女朋友,或许未来人工智能不用电,而是拥有新的供能方式。目前,人工智能尚处于发展的初级阶段。人工智能模仿人类的思维方式与行为,人类的思维奥秘、情感奥秘都隐藏于大脑之中。人工智能未来走得多深,取决于人类自身对自己的解读有多透彻。人工智能要想具备像人类一样的情感,应该建立在人类对大脑的研究完全透彻的前提下。

16123165

人类依靠自己的经验与智慧所创造的人工智能纵然可以实现相当程度的智能,但是这里"人工"的成分比较大,所展现出来的"智能"也是基于人类的智慧。最近几年很火的深度学习,是通过样例学习,获得算法、公式所形成的人工智能,更具有独立性,对人类智能的依赖小,我觉得这才是真正意义上的"机器智能"。

17120320

人工智能是否会"大智若愚"?它会"故意欺骗我们"吗?这些问题让我很感兴趣。随着我们对人工智能的训练,到底是我们训练它们,还是它们训练我们,反而成了一个值得思考的问题。我们让人工智能学习的是人的"功能",而不是人的生理机制。我们现阶段需要的只是人工智能所输出的结果,人工智能也存在我们不了解的"黑盒子",我们也无法了解深度学习下人工智能在想什么。

17120321

人类可以编辑程序让机器人模拟出人类的样子,但是我以为这并不是机器智能最终的发展方向。上节课郭老师说,机器智能是不同于人类智能的另一种智能,理应通过自我深度学习的方法不断升级变强,我们应该去理解"他们"。机器智能对于人类最重要的价值应该在于人类去接纳所谓"黑盒子"中的内容。

17120338

人工智能是一种基于概率统计的智能,通过单模态知识获取而完成机器学习,进而不断自我完善。之后,老师又举了"巴甫洛夫的狗"的例子,提出了"人工智能是否会欺骗人"的问题。这让我跳出了固有的思维模式,以更新颖的角度去看待人工智能。我认为人工智能终有一天能收集与存储更多的信息,快速处理庞大的数据量,从而做出复杂的决定,最终形成自身的意识形态,也能比人类更加理性和快速地做出判断。

17120470

武星老师提到了“大数据下的机器学习”,这样,机器智能距离“无所不知”还能有多远呢?我很乐意把AI当成人类来看待,它们不是冷冰冰的机器。

17120491

在这节课中,我学到了一个新名词:ABC时代。武老师将基础设施、生产资料、生产工具这三个词用在了对于ABC时代的阐述上,让我对这个时代的内涵有了整体的认知。在顾老师运用文科知识的类比下,我更加深刻地体会到在这个新兴时代里,AI、云计算、大数据这三个方面,正在以怎样一种形式改变着我们的社会与生产方式。武老师图文并茂地给我们展示了机器学习的原理与实质。我印象最深刻的是模式识别攻克图灵反测试的内容,在此之前我从未意识到最难攻克的竟然是移动滑块,在为这样的设计表示赞叹的同时,我也为团队的工作深表佩服。骆老师展示的对巴甫洛夫的狗的双向性思考让我非常触动,也让我再一次看到了哲学中“人类驯化了水稻,水稻也驯化了人类”的思想。

17120933

这堂课武老师一开始就很生动地说我们打算去断了机器人的电的行为,其实是我们已经无法阻止人工智能的发展。从20年前深蓝在国际象棋上打败人类,到近几年AlphaGo已经在围棋领域取得世界第一,说明了人工智能正在飞速的进步。骆老师说了“以逻辑推理方式的行为是可以预测的,而深度学习是不可预测的”,这的确是我们一直所担忧的,人工智能不可预测的发展是否会严重影响到我们的社会,但从无人汽车撞人事件等还说明人工智能目前还处于初始阶段,我们应当在它发展的过程中考虑如果平衡、处理这些问题。最后,顾老师说的话有趣且富有内涵:“因为有选择权,所以更精细。”

17120983

“人工智能是如何长成的?”两位老师围绕着当今时代的“ABC”,即人工智能、大数据和云计算来展开。人工智能的发展也恰恰印证着这三个要素。我很早便关注人工智能,那是2017年的人机大战,震惊世界的AlphaGo用卷积神经网络、深度学习和蒙特卡洛搜索树击败了意气风发的少年名士柯洁九段,战胜了人类千百年来的智慧堡垒——围棋。AlphaGo本身,就是利用云计算、大数据、人工智能,形成了一种接近于人类顶尖棋手的“棋感”,所谓棋感,就是顶尖高手在长期的对战和训练中模拟出的一种思维，看到棋型，就能预测出下一步的变化。这就是我们说的人工智能，AlphaGo不是像深蓝那样的穷举机器，它用“ABC”模拟出了人类的思维。就像骆祥峰老师说的，“产生了思维能力、行为能力和情感认知能力”。当然了，我们离机械姬的时代还很远很远，因为在学术研讨会上，AlphaGo的父亲Deepmind的负责人哈萨比斯先生曾经强调过“AlphaGo的成功是有前提的、有固定的规则，有胜负的标准……”说得浪漫一点儿，对比机械的二进制，人类的思维更像是无穷的宇宙。不过，谁知道呢？或许，时代飞速发展，机器人也会“长成”机械姬，就像人们曾经认为深蓝直到2010年才能击败卡斯帕罗夫。我相信天行有常，如果我们真的会迎来一个被人工智能支配的时代，那我们也无法逆熵增而行，但至少，这也印证了人类的无穷智慧。

17121072

这两次课听下来，给我最大的惊喜往往不是课上书面化的知识，而是别出心裁的逆向思维。以今天狗与人这个生动有趣的例子来看，在人的正常思维看来，我们只是不断地对狗进行强化训练，而在狗眼中或许我们才是条件反射的那一个。事物有两面性，在研究人工智能的时候，逆向思维将帮助我们进一步理解机器的智能思维。武老师说的ABC时代也是当今十分热门的话题，将云计算、大数据与人工智能和基础设施、生产资料、生产工具相匹配，无疑让我们更加容易理解ABC时代。总而言之，经过这两节课的洗礼，我对人工智能有了初步的掌握，希望在后面的课程中能够打开自己的脑洞，思考更有趣的问题。

17121273

人工智能相比于古老的珠算，算得上是极其年轻的。从历史角度来看，没有任何一件事是突然间爆发形成的，而是需要一定的发展历程。相比之下，人工智能的历程还很短，但现有的种种迹象可以表明，它终将会引领时代的新潮流。当然，人工智能也开始称霸于各个领域，先在国际象棋，后在围棋领域。但它们也不是一下子就能称霸于这个领域的，而是经历了一定的自我学习与更新之后，将知识一步一步积累起来才能达到这一地步的。与其说知识就是力量，倒不如说是知识蕴含着力量，而这其中所蕴含的力量则是无穷无尽的。人工智能虽说很强大，但其实这也才是我们人类开发了不足5%的大脑所得出来的结晶，剩余的95%还有待我们去发掘。等到我们有能力去真正发掘后，我们人类的智能以及人工智能，到底会到达什么样的地步呢？

17121534

让我印象最深刻的是老师提到的无人驾驶汽车面临的解空间最大，面临的问题也最多，让我思考了许久。想到前不久出现的无人驾驶汽车撞死人的事，事实证明了是人犯的错，难道是因为人类认为它是无人驾驶车，所以就轻视它？如果一直这样下去，无人驾驶汽车的普及将不太现实，只有等到人类认识到如何去尊重机器智能时，才不会出现这些问题！我们更与时俱进，了解人工智能，成为ABC时代重要的一员，而不是成为被淘汰者！

17121608

我们在认识到人工智能强大的同时，也在担心人工智能带来的潜在威胁，就像老师们提到的反图灵测试。当机器智能具备足够的智能，它是否可以做到"大智若愚"，通过输出人类期望的结果来瞒天过海，在时机成熟之时做出一些出格的事。我想这种担心绝不是多余的，在人工智能的研究中，我们一定要做到有备无患，我们期望看到人工智能的发展是推动人类文明向前发展而不是终结人类文明的。

17121706

今天，武老师和骆老师讲解了人工智能发展历史和智能的生成，不得不惊叹于人工智能近60年来爆炸般的发展速度。很难想象几十年后，由我们一手制造设计的机器可以成为碾压人类智力的"14586"。虽然说以人类的智力来开发自己的智能看上去不可能完成，不过机器智能或许可以成为我们人类开发自己新智能的支点。在课上我还有一个没有来得及提出的问题：人类开发的智能只有5%，那为何机器智能可以发挥得更多，乃至于100%与其硬件水平相匹配？这其中人类是不是有可以借鉴之处？人类关于开发自己的记忆力、计算力等的竞赛依然层出不穷，难道人类的智能真的不能开发得更多吗？虽然人工智能崛起迅速，人类某种程度上可以少动脑甚至不动脑，但我觉得人类本身的思维开发也是很令人着迷的。

17121849

"算盘是不是机器智能？"顾骏老师抛出的第一个问题打开了我这节课的思维——是不是机器和人类思维的结合都可以称为智能？智能是从哪儿来的？是怎样产生的？

17122024

一直以来，人们总是惊叹于人工智能给我们生活带来的巨大改变，却很少有专业人士以外的人能够真正去了解人工智能的发展史。

17122095

人工智能的高速发展，逐渐地产生了一系列新的问题——当机器人三大定律与现今伦理道德问题产生冲突之时，我们又应该如何去做出抉择？如果机器人真的完全可以脱离人类，即可以自我再生和创造时，人类未来的命运之路又在何方？如果机器人产生自我意识，在地球上人类还是管理者吗？在大数据时代，需要我们去甄别、去探索、去进步。

17122109

人工智能的发展机制其实和我们人类的生长很相像，我们在幼儿时期接受知识，然后自己再去创造，这也是人工智能之后的发展所到达之处。武星老师讲到，如今是 ABC 时代，人工智能的发展将会超乎我之前对人工智能限度的想象。老师讲到电影《机械姬》，我想人工智能若能发展到那种地步，有自己的思考，会深度学习，具备所谓的情感认知能力，我们人类该怎么办？难道能通过切断电源来控制它们？我对人工智能有了更为辩证的态度。

17122208

武老师有一个设想：不愿意通过图灵测试的机器智能，不知道在我们的生活中是否已经混入了，也并不知道如何真正意义上地检测和发现它们。某种意义上，一个隐藏自己并且会按照人类要求来执行命令的机器智能，十分符合我们对于未来机器智能与人类和谐相处的设想，但我们也无法探知机器智能真正的想法，不知道它对于人类社会是否有威胁。这些问题，只有靠后续机器智能的研究与发展得到结论。

17122327

现在的人工智能也许很强大，但它们都是专门化的人工智能，下围棋的就只会下围棋，翻译的就只会翻译。今后，当硬件条件允许了，人们会不会有兴趣做出大领域或者全能的人工智能呢？比如一个精通围棋、象棋、桥牌等所有棋牌类游戏的人工智能，比如自动驾驶的人工智能会融合翻译、百科全书、生活助手等多种功能的人工智能，甚至我们能不能，或者说有没有兴趣，或者说敢不敢去做出一个“全能”的人工智能？对于大领域的人工智能，我觉得在不久的将来，一定会出现，而且越来越多。当这种事已经很普遍了，那大领域和全能人工智能之间的界限好像就渐渐变模糊，直到没有……

17122505

人工智能发展到后期，究竟是人类训练智能还是智能训练人类？这个说法引起了我很大的兴趣。无论怎样，我认为最后的结果总是能使人类在科技领域取得很大的成就。

17122513

随着机器智能的高速发展，我们的生活也被“碎片化”，它们转化为一个个数据，被存储，被利用，所以如何保护自己的数据不被乱用是另一个值得讨论的话题了。

17122541

“这门课带给你的不仅仅是专业知识，更是思维，是别样的看待问题的方式。”顾骏老师字字铿锵。的确，在课堂上，除了知识，很多话语给人以思想的碰撞和思维的启迪。“不思维，也能计算。”曾经我想过，同样的基本加减法，为什么有人看一眼就能给出答案，有人能在大脑中进行计算并给出结果？这应该是思维快慢的不同。这刚好和今天课堂上这句话不谋而合。机器智能就可以达到这样的高度。不思维，才是最快的方式。今天晚上还有不一样的收获。老师提起世界上最棒的举重员也没有举起自己的能力，因为没有支点，而目前，对于我们人类自身，我们知之甚少。我们了解的大脑功能区只有 5%，我们怎么有支点、有能力去开发这剩下的 95%呢？我认为，用这 5%作为支点，一点点去摸索开发，循序渐进，我们对自身的了解会更加全面深入。

17122607

我曾在书中看到，电脑不及人脑的地方在人脑具有高度的并联性，会随机建立新链接和断开旧链接。这个过程与老师讲的深度学习十分类似。但老师说，目前并不能凭空让机器深度学习，还需要人把大量数据输入进去才可以。然而，即使部分模仿了人脑高度并联的特征，深度学习也只加速了机器解题能力远超人类，却似乎没有让机器有类似于人类意识的迹象，也许这是目前人工智能需要跨越的坎。

17122634

武星老师讲授了 ABC 时代的机器智能，其中 A 是 AI，B 是 Big Data，C 是 Cloud Computing，直观有趣。基础设施、生产资料和生产工具的定义也让人耳目一新，顾老师把这三个定义类比为水、地、锄，更直观形象地解释了三者的关系。

17122648

顾骏老师从算盘开始讲起，这其实就已经打开了我的脑洞。对于思维智能、行为智能、情绪智能，我今天了解了类似“道”的东西，一生二，二生三，三生万物。就如同机器人的情绪或者行为，虽然一开始是人类对其进行编程和指令操作，但之后一些行为情绪都是它们演变而来的。这让我对机器人产生了更多的尊敬，并不只觉得机器人就是人类的奴仆。

17122893

今天，一切的一切又不断地冲击我的脑海。个人认为机器还是不能像人类一样具有真正的情感，情感是人意识的表达。不定性和随机性，有血有肉的人与钢铁机器不能等同。机器人或许能够思考，但也只是基于算法的模仿。人类发展机器的情感智能更多地取决于发展自我的情感智能，通过机器来反映自我情感的表达。

17123117

我们需要思考，机器智能为什么要和人工智能相似？正如机器人是否要做成人形。真正的机器智能一定不会完全与人类相似；我们也很难站在机器智能的角度来看待人类智能，正如狗的那个实验中，到底是人在训练狗，还是狗在训练人呢？人工智能发展至今，愈发强大，也愈发难以掌控，人工智能的未来，依然任重而道远。

17123125

超级喜欢这堂课的内容和上课风格。顾骏老师抛出的第一个问题就很有意思，算盘算不算是人工智能？这个问题看似简单，而我却不能马上给出答案。深思熟虑之后，我给出了否定的答案。“不思维，也能计算。”顾骏老师的总结让我觉得十分精妙，这个见解完全颠覆了我的惯有看法！今晚听到的一些东西让我觉得非常有趣：一是“四色定理”；二是人能够训练狗形成条件反射，狗能否训练人类形成条件反射？这堂课有很多可以挖掘的东西，这也正是它的有趣之处。我赞同顾骏老师，不要现在就把脑子填满。

17123979

人工智能的学习可以分为有监督性学习和非监督性学习。课上，老师通过 Flappy Bird 和乒乓球等演示了非监督性学习的过程，这种经过学习后产生的不同反应让我很着迷。

17124015

人工智能作为人类创造出来的一种智能，已经可以通过自我编程超越人类，在将来是否会出现人类与机器的角色互换？机器与人类能否共存交互呢？一切都是未知数。

三、赢了围棋就能赢了人类?

时间:2018年4月9日晚6点
地点:上海大学宝山校区J102
教师:孙晓岚(上海大学通信与信息工程学院副教授)
　　　林仪煌(上海大学体育学院副教授)
　　　张新鹏(上海大学通信与信息工程学院教授,国家杰青)
　　　顾　骏(上海大学社会学院教授)

教　师　说

内容:人工智能的确定性与人类智能的不确定性

从AlphaGo战胜围棋高手的案例入手,展示两种智能的本质属性和适用范围的异同,通过对机器智能在确定性领域的超人发挥和人类智能在不确定领域的"无机可及"的比较与分析,揭示人工智能当下的适用范围和未来突破可能。介绍神经元网络、强化学习、走棋网络和价值网络等技术及其特点。

学　生　说

14120880

今天的课程是"赢了围棋就能赢了人类?"赢了围棋,人工智能就能赢了人类吗?当今科技发展如此之快,以至于我们根本没有意识到,人工智能已经跃迁到了如此地步,AlphaGo利用技术已经穷尽了所有的可能性。

感性与意识是人类的本性，而理性是一种工具与方法，人类之间的比拼就是看谁对于这个领域的可能性探索得更多，而只有经验老道的人才能发现更多的可能性，这才是比赛的乐趣所在。但在复杂而确定性的问题上，人工智能有着天生的优势。人的进化不是通过身体的变异，而是将能力外化为一种发明，为己所用，然后自身的能力渐渐褪去，最后人类通过比赛挑战强者，而挑战永无止境。

14120976

我印象最深的是张老师带领大家对希尔伯特计划及其被后人从数学上严格推翻的过程进行的思考。这让我认识到真正的科学是要怀着敬畏之心，用极其严谨的数学语言或者公式进行求证和解释的。张老师立意很高，重新审视最基本的概念，并作逻辑推演，真正做到求知若渴和求贤若愚。

15120571

这堂课的核心观点是人文主义和数据主义的博弈。人文主义以人为中心，工具都是为人类服务的载体，这样的观点有自大的成分，却是人类社会得以生存发展的必备信条。数据主义崇尚算法和真理，真理即正义，以人类意识与之抗衡不过是螳臂当车。人类棋手和机器的博弈，大多数人只是看客，但更倾向于哪一方，每个人都可以拥有自己的答案。围棋是一项益智运动，能培养人的大局观，磨炼人的意志力。围棋作为一项考核标准，最终证明了机器智能是人类智商难以企及的。我对于人文主义的价值持乐观态度，所以更支持前者。但两者之间本无对错，也难辨是非。能坚守自己的立场，不被时代浪潮掀翻，才是我们思考这一问题最重要的层面。

15120980

无论人工智能是否能在某些领域内战胜人类，人类与机器都是两种独立的个体，谁也无法取代谁，因为存在即是它的价值。人类下围棋，可能是为了求胜，也可能是为了快乐，为了修身养性；但是对于机器，它的目的是人为设定的，至少目前它是无法做到像人一样通过下棋来获得成就感的。我们无须烦恼人工智能是否能打败人类，需要思考的是未来我们人类与人工智能该以怎样的关系共处。

15122722

围棋可以说是我们中华民族发明的最伟大的棋类项目，它有着最大的解空间。AI 多花了 20 年的时间，才让 AlphaGo 站上顶峰。孙老师就着围棋的规则和下法,给我们展示并验证了围棋的无穷可能性。张老师从 AlphaGo 的研发历程说起,讲述了机器从与人下棋中学习到从零学起,自我博弈的过程。张老师就机器和人的区别展开论述,在我看来对复杂问题的解决处理方式,人工智能是优于人类的,但人类暂且还有类似情感、认知、总结等一系类衍生领域中机器所不能达到的能力。最让我"脑洞大开"的就是张老师对确定性领域的讲解,让我感受到人类在不断探索,对城市边缘未知世界作探索。人工智能是否能进入非确定领域,可能正如老师所推测的,人类要适当放弃理性,这也是我们背离常理而要思考的。通过分析,我们可以看出机器善于做大量定量计算以及全局优化,而人类善于做少量定性计算、局部优化、规律总结、推理与直觉,还有广泛的外延。课程中提及的对于确定性领域,机器的优势在于善于解决和处理复杂的确定性问题,而人类善于将复杂、封闭的问题还原、开放。老师还提及了希尔伯特计划,提及计划的完成需要具备完备性、相容性以及可判定性。但是人类的现实生活并不仅局限于此,人类生活中的各种问题未必有唯一解,以至于可能没有解。智能可以完成的事非常多,从定理证明、专家系统、知识图谱到深度学习,在这历史长河中,机器从实现自动化、大数据到 AI,不断进步着。引发我思考的还有:人如何去理解机器语言,机器是否或者能够有自我意识以及量子计算等。

15122989

人工智能虽然在某些方面确实能够战胜人类,但并不是任何领域人工智能都可以战胜或取代人类。人类的创造力机器永远无法学来。人工智能和人类不能说谁赢谁输,只能说各有所长,各补所短。

15123098

我一直觉得,围棋很高深,围棋国手们是极其厉害的,但能打败多位世界顶级选手的 AlphaGo 更是厉害。对于孙老师的观点,我一半赞同一半反对。如果我是柯洁,我被 AlphaGo 打败,然后 AlphaGo 从此退出与人类的比赛,这样的事对我而言永远是一块心病,仿佛人类永远下不过 AlphaGo。但是对于人类会从机器人那里学习到一些东西的观点,我是赞同的,机器人有机器人的长处,人类也有专属于自己的长处,两者互补可能会产生不一样的化学反应。机器人不能完成含有随机成分的事情,毕竟运气的事情没有人能驾驭,机器人能做的最多也就是计算概率。

15124764

即使人工智能在围棋上赢了人类,人类也不会放弃对围棋这项运动的追求。我相信我们从事一项工作、一项事业最本源的动力应该就是不断挖掘的乐趣,而非是想要战胜谁。张新鹏老师深入浅出地讲述了人工智能在解决围棋问题中的基本算法,让我明白了在围棋这个领域人工智能战胜人类,体现出来的最有趣的一点是证明了人类经验。由于样本空间大小的限制,往往都只收敛到局部最优而不自知或无法发现,而机器学习则可以突破这个限制,这无疑是激动人心的。张老师提到人工智能的开局、收官与专业棋手并无太大的区别,这说明人类几千年的智慧(即使只是局部收敛),也并非全错。张老师介绍的希尔伯特计划引发了我的一些思考:机器智能真的只能解决具有完备性系统的问题吗?创新真的只能专属于人类吗?如果希尔伯特计划被否定,也就意味着比如人类可以去研究理论物理的问题,但机器却很难做到,这是人类的一种自大吗?我对这些问题有了新的思考:希尔伯特计划的提出以及之后学术界的回应、推论等都是基于大量的严谨推理,经过了这些推理得出来的结论,其实在一些方面也更体现了人类的谦虚和谨慎。我既相信也希望,人工智能能够胜任在开放系统中的任务。作为理工科学生,我们应当时刻对未知抱有期待和敬畏。我相信人类的智慧和好奇心将推动这个领域不断发展。

16120265

这几周课,我们总在比较人与机器人的差距,总在恐惧机器人替代人类。其实,我们根本就不需要担心这些。在深蓝战胜卡斯帕罗夫之后,有人举办了一场国际象棋比赛,比赛为五人制,组员既可以是机器人也可以是人。最后,获得第一名的既不是全机器人队伍,也不是全人队伍,而是一组由两个工程师与三个机器人组成的队伍。这告诉我们,我们并不需要与机器人相争,相互合作,取长补短,才能走得更远。

16120538

围棋在历史长河中给人类带来的不仅仅是竞技成败的快感,更重要的是"它是智慧的结晶"。对于机器和人类,竞技围棋有着不一样的评判标准和存在意义,无须因为人工智能的胜利而怀疑今后职业围棋的存在。在某些领域,未来人工智能会超越人类极限,但人不应该出于附属物的态度而去限制它。或许人的感性和机器的绝对理性,会在未来共同协作。

16120544

机器与人类的关系一直在发生变化,从最初的人类创造机器来解放生产力,到如今的机器与人类互相帮助、共同进步。就像工业革命一样,许多人都担心机器会取代人类的岗位,但事实证明,机器的诞生很大程度上解放了人类的生产力,或者说解放了人类在其他方面的智能,从而使机器更新换代,两者是协同进步的。

16120656

人类在利用人工智能时要留意其局限性。在生物学中,人体也是一个大机器。铁打的机器丅这件事比较好,肉做的机器做那件事比较强。在现实世界中,理性与直觉如何分工,人类与人工智能如何分工,我们要具体问题具体分析。

16120700

有人说人工智能会造就更多的就业岗位,而且人工智能是人类进化的下一个里程碑。但我们也不能忽视,人工智能是一项极具颠覆的技术革命。机器人可以取代我们的工作,但重要的是怎样去取代。完全依靠人工智能,反而会让人类走向灭亡。

16120932

每周课程都给我们惊喜,这周课程更是表明"人工智能"是文理工多学科、多领域的结合。赢了围棋就等于赢了人类?我想不是的。围棋的变化如宇宙般广阔浩瀚,人类与机器不同,机器是没有棋风的,但人有,同时这也意味着人类智慧的局限。人类从围棋的外延中找到广泛的天地。机器虽然能赢,但它仅仅是在下棋而已。更何况,AlphaGo也是人类智慧的产物,它的胜利标志着人类在科技领域的胜利。顾老师的总结让我受益匪浅,我们思想的变化至关重要。

16120976

顾骏老师总结时讲到一些悖论,如思考到边缘的时候就会发现bug,围棋选手的出路,围棋高手再次获得冠军后是否还会有之前的自豪与喜悦,围棋的解空间仅取决于能力,但对于那些像麻将之类要靠运气和能力的博弈是否还能取得胜利……这些都值得思考。

16121066

孙老师的"开场秀"让我们了解到围棋在简单规则下蕴含的无穷智慧。张老师结合前几年的围棋人机大战,给我们揭开机器智能的神秘面纱。赢了人类棋手,相反是人类的胜利,我们才是AlphaGo的上帝!我对量子物理一直很感兴趣,抛开复杂的公式不说,它揭示着大自然的真理——上帝是掷骰子的,大自然是真随机的。人类作为自然界唯一的智慧生物,我们的思维、意识、行为等都充满着不确定性。那么,智慧首先得是有不确定性的,人工智能能否实现这种非确定性的计算呢?我认为是有可能的，因为量子计算正在实现，一个量子的叠加态会在被观测时坍缩成一个确定的状态，在坍缩前是不确定的，这就是一种非确定性吧。但有人说：人类一思考，上帝就发笑。顾骏老师也说，悖论和矛盾一直存在于我们认为的人类理性之中。

16121163

围棋就是一个解空间非常大的函数，因此人工智能在围棋上有所造诣，相比国际象棋而言更加困难。人类的智能绝对比围棋的解空间要更大，甚至可以说是个无穷大的空间。因为人类是一直在进化、进步的，在围棋上赢了人类只是人工智能的一小步而已。

16121173

围棋人的出路并不会因为与 AlphaGo 交锋的失败而终结，人类终归还是人类，所以柯洁即使输给了机器，但是他在人类生活中依然是围棋的佼佼者，一定会继续热爱与坚守围棋。当然，从人类和机器的交锋之中能发现机器的确有人无法企及的智慧，我们也必须看清现实，向机器学习下棋。人类最大的问题是无法克制自己内心的求胜欲。相比之下，机器收到的指令只是让它们自己纯粹地赢。在这一点上，人类需要更多的反思，我们平时做事的时候是否就因为源源不断的求胜欲望而停下了脚步，我们所要学的可能是一种“不愧于心，不囿于情”的人生态度。体育学院的林仪煌老师将我们的视角提升到了体育竞技的层面，让我们意识到，围棋这项运动更多的在于其过程，而非一时的结果，更重要的是要能感知其中的快乐。我很欣赏张新鹏老师，他既能从文化层面作剖析，也能从技术层面分析希尔伯特计划。顾骏老师也从更易懂的层面为我们做出了解释。人工智能是增量式的进步，我们想要征服或者彻底理解它，可能需要有对边界的一些预见，否则就会让自己陷入无穷无尽的悖论。

16121409

张老师看事情直接追溯到源头，让我佩服。他还提出确定性领域与非确定性领域的概念，让我感到很新奇，这种区分法比较清楚地区别了人工智能的强项与尚未被很好开发的弱项。

16121578

自从有了汽车，人类就再也跑不过机器了，可我们还是觉得长跑健将很厉害。自从有了现代枪械，千锤百炼的弓术就失去了实用价值，可今天仍有无数爱好者沉浸于此。到了今天，虽然人类在围棋上下不过人工智能了，但就像汽车没毁了竞速，枪械没毁了弓箭，人类选手下不赢机器，但毁不了围棋这个自古以来的运动。柯洁做到了人类在这方面的最大努力,最后却败在了一场必败的战斗中。这让我哀叹,但终究这是科技发展带来的客观必然的事实。我不禁愈发期待人工智能的前景。

16121702

今大,张老帅的"能力外化"观点对我的启发特别大。技术是对人的延伸,任何技术都是对人的某种能力的外化、固化和强化。如果从"能力外化"的观点出发来看待"赢了围棋就赢了人类吗?"相当于人工智能把人类下围棋的技术复制了下来,并对这一技术进行强化,也相当于把某些天才才具有的东西,变为了全人类拥有的技术,这应该是促进人类进步的。就像计算器,把本属于人类的计算能力外化并强化,计算能力远大于人类,但计算器并没有赢了人类,反而是提高了人类的工作效率。

16121916

骄傲并不等于自大和狂妄,我们应该切实考虑机器智能的飞速发展带来的"能力外化"影响:AI在确定性复杂系统中表现出远超人类的优势,但倘若其有朝一日可以进入非确定性领域,是否也意味着人类的智能外化?乃至是创造和记忆能力的外化呢?现在对这些问题的思考,看似杞人忧天,实则有重要的警醒意义。正如张老师在课堂最后所说:"我们更应该把人工智能当作自己的一个孩子,去引导其往正确的方向发展。"这世界没有这么理所当然,我们要时刻保持反思和质疑的态度,并怀着"我们不知道,我们必将知道"的热忱去面对历史浪潮。

16122242

机器在处理确定性问题上的确要比人类强许多,机器不会被情感所干扰,但是在处理不确定性问题上,人类可能就要比机器强了。人类能做到如今的计算能力已经是人类的骄傲了,还有,人类的文明是机器智能做不到的,人类的文明是通过历史长河流淌至今的,机器是模仿不了的,创建不出来的。可能这就是人类与机器最根本的区别,也就是所谓的"人性"。我特别感兴趣的还有希尔伯特计划究竟能否实现,这其中存在着许多的悖论,感觉特别有意思。张老师提出,人机能否相互理解,机器是否拥有自我意识,能否实现量子计算,甚至能进入非确定性领域吗?我认为可以,非确定性领域不是人类特有的。随着机器智能的进化,机器智能也会有"意识",可能只是与我们的"意识"不同而已吧。

16122295

这次课堂给我的感受是融合与专业。先说融合,今天我知道了体育老师精通桥牌，认为竞技的过程远胜于结果，通信老师会下围棋，更会谈围棋，并对围棋与人类、人类与智能提出了思考。再说专业，当张新鹏老师提及完备性和相容性时，我想到了数学分析及概率论中的定义性质等，在不同的领域，它们有着共同点，也有着不同的含义。

16122547

人工智能虽然在围棋领域赢了人类，但是人类真正厉害的是思想，“人是一根有思想的苇草”，技术只是思想付诸行动之后的产物。这也是人类区别于其他生物的最大特点。

16122810

今天老师提出了“赢了围棋就能赢了人类”的问题，我对这个问题的回答是否定的，虽然在围棋方面，甚至很多方面人类是比不过机器智能的，但是我从一本书籍上看到人类不仅仅能学习，更能创造，这种“创造”就是所谓的顿悟学习，这也是人类进化的必要历程。假若机器也有了顿悟学习，那么机器可以随心所欲修改自己，创造代码，那时候人类和机器智能真的就不是在一个维度上思考问题了。现在的机器智能也就只有在学习现有的知识，并不能实现顿悟学习。现在，人类在万物中还有绝对的优势，并没有输给机器智能。值得庆幸的是，现在的机器智能已然出现了质的飞跃，学会了自我学习。我相信在未来的社会里，机器智能可以很好地服务人类社会，也要得到更好的发展，打破人类的各种极限，让人类实现进化。

16122868

今天的课我了解了一个新词汇——确定性领域。我认为围棋对于人类来说是一个不确定性领域，人类之间的比拼就是看谁对于这个领域的可能性探索得更多，而只有经验老到的人才能发现更多的可能性，这才是比赛的乐趣所在。AlphaGo 利用技术已经穷尽了所有的可能性，这就好比两个人在比武，一个人装备齐全，另一个人还在找武器，本身就是不公平的。与其说这是人与机器的比赛，不如说是机器在想用什么套路来完虐人类。对于老师提的问题，人工智能是否可以进入解决不确定性领域的问题，我觉得这个答案取决于人类是否能认识自己的大脑。只有明白了人大脑工作的原理，我们才可以赋予机器这样的智能。

16122986

AlphaGo 能不依赖人类的知识就学习成功，其关键之处在于：围棋是有确定规则的，是一个“客观”的游戏。不需要人主观评判，机器按行棋规则,终局就有确定的胜负结果出来。这样,AlphaGo 的学习就不需要人类的干预,完全可以自动进行海量的实践。AlphaGo Zero 的成功,是自学习方法的突破,也是实践检验哲学原理的成功。人类的社会活动或者 AI 的博弈,需要通过实践不断提升效率与表现。实践总是需要在一定的规则之内进行,这是基础。实践时,人类本能地会借鉴前辈的一些经验作为思考的出发点。然而这些经验到底能起什么样的作用,值得仔细观察。

17120320

这次课有一位体育学院教授,再次印证了"人工智能"是一门融合各学科知识的通选课。

17120339

张老师分析了在复杂而确定性的问题上,人工智能有着天生的优势,但是由于哥德尔不完备性定理的存在,确定性领域有着边界,而在不确定性领域则是人类更为擅长。因为当计算机面对悖论时,能做的只有不断进行徒劳无功的运算,而人类则能迅速地辨认出其中的逻辑陷阱,并想方设法地避开它。这样看来,人类不如计算机的地方反倒成了人类胜过计算机的地方。

17120470

我印象最深刻的是张老师的一句话:让人工智能学会善意的思考。这让我想起了一部以 AI 为主题的美剧,里面的主人公在建造超级人工智能的初期,花了大量的时间和精力去教会它"善待人类"。在这个过程中,他不得不摧毁了许多个失败的半成品,甚至差点被一个半成品杀死。

17120491

张老师讲述的内容带给了我思考的灵感,让我不仅仅看到了存在于人工智能领域的理性与非理性的辩证现象,还联想到了对于世界运作规律解释的线性与非线性理论这两个方面。联系到顾老师和张老师都提到的悖论问题,我觉得对于认知,不论是对于人工智能还是这个世界来说,都是不能完全用理性来解决的。它们的存在告诉我们,不能为了解决问题而解决问题,就像我们要解决罗素的集合悖论一样。我们应该像图灵一样,在意识到"我们不可能知道"的局限性的同时,仍不停下追寻真理的脚步。

17120868

围棋的奥秘有很多,下法也有很多门道。张老师的讲解最令我着迷,尤其是希尔伯特计划的建立过程和被否定的过程,表现了人类对于机器智能的态度变化，从某种意义上也表现了人类对于未知世界的向往和迷茫。正因如此，希尔伯特计划才不会被肯定。每次顾老师都会对其他老师讲课时的难点加以解释，有助于让我们更好地理解这门课。

17120933

人类在思考的时候存在思维定式，而机器则是全方位的计算，我们习惯于去总结规律，通过我们总结的规律去解决问题，但存在这样的问题：规律是否就是最优解呢？在确定性领域，仅仅通过逻辑与计算，机器远远胜于我们人类。但是这些前提都是有解的，而理发师悖论等告诉我们，不一定每个时候都有解。

17120970

我深深折服于顾老师的悖论观点。每一次课都能在顾老师的启发下开拓思维。

17120983

今天张老师说到的希尔伯特计划，很像刘慈欣小说《镜子》的脑洞：通过量子科学，人们终于利用超弦计算机，建立了现在这个世界的模型，就像一面镜子，既可以看到所有人的过去，也可以预知所有人的未来，而那个世界里的未来是什么样的呢？镜像时代开启，人们用镜像模拟一切，然后……创造性消失了，文化的发展彻底停滞，科学和技术也随之停止，持续了漫长的三万年，被称为是“光明的中世纪”。紧接着，随着资源的耗尽，土地沙漠化，人类彻底地消失了。我认同刘慈欣的观点，当我们失去了创造性时，也意味着我们文明的消亡。所以，哪怕人工智能进入了非确定性领域，我也希望“光明的中世纪”不要到来，不要让我们走向最终的灭绝。

17121184

根据张老师给出的确定性系统定义，按照既定的规则演化，解是有限且封闭的，机器智能正是此中好手。顾教授讲到能力外化问题，我相信这代表了人类未来一段时间的发展和进化方向。在机器智能还没有衍生出绝对的意识理性之前，人类仍可以坚守在人文价值的高地。

17121212

“人工智能”课总是令人出乎意料，连我们的体育老师都被请来了。真是一门很有意思的课程。只有自己想不到，没有什么不可能。

17121273

我们现在最需要做的便是打破思维的局限性，以更加广阔的思维去创造更加美好的人类文明。

17121534

人工智能是否会进入不确定性阶段?我认为现在人类对于机器不就是不确定的嘛!这依然是一个奇妙的哲学问题。

17121591

张老师的P=NP问题让我产生了浓厚的兴趣,如果寻找一个解和验证一个解一样容易,那世界肯定会天翻地覆。Alpha系列从学习他人的经验一直到自我的深度学习,展示出了人工智能的强大。

17121608

机器在近些年的发展中不断实现超越,如今连如此复杂的围棋也攻破了,不禁让我们想到人类还能在什么地方超越机器,机器智能未来的发展会给我们带来什么?老师提到希尔伯特计划,我觉得这个计划是不可能实现的。人类在原则上也不会允许这个计划实现,没有努力就想换来知识真是笑话,人类的狂妄自大终究会给自身带来灾难。我们目前要考虑的是机器智能未来发展的规划是怎样的以及人类如何控制机器智能。

17121684

首先我们面临的问题是棋手何去何从?围棋只是人工智能超越人类方面的一个缩影,但是被超越不应成为人类止步不前的理由。如果我们真的将人工智能当作独立的智能,而不是人类自身智能的附属,就会打开全新的视角。过去我们模仿自然界的花草走兽飞禽有了仿生学,今天我们是否也可以从人工智能的身上学到全新的见解,在截然不同的思维模式中寻找发展。

17121687

人工智能的发展是历史的必然,就像机械发展到自动化一样,大数据发展到了AI,人工智能要走的路还很长,比如如何实现量子计算中NP变为P的普适性,进一步完善创造力建模的不可预期性和非确定性。在确定性领域我们可以尽可能地让人工智能更加完善,但在非确定性领域我们仍知之甚少。当人工智能发展到一定程度时,我们可以适当的放开管控的权限,或许能收到更佳的效果。顾老师最后对棋牌类项目的总结很经典,一个好的棋牌游戏就应当含有运气和计数成分,这样即使能算尽一切,也还有无法算到的运气成分蕴含其中。

17121706

在确定性系统下,机器智能可以发挥最大的实力,总有我们人类远远不能触及的计算力和全局优化能力，但我们人类可以在一个非确定性的系统中走出一片属于我们自己的天地，这也是机器智能现阶段所无法触及的高度。

17121714

在围棋上，我们应该摆脱被 AlphaGo 击败的悲观想法，人工智能依靠着比人类更强的计算力上的优势，在围棋上自然比我们更有优势。但我们的优势却并不在此，围棋大道至简，却早在 2000 年前就被我们的祖先创造出来了，我们拥有着目前人工智能所不具备的想象力和创造力，所以，杞人忧天大可不必。但在当下，脑子里的新点子才是我们每个人最大的财富。在确定性领域里，我们极有可能被计算力更为强大的计算机或是人工智能所超越，但这正是我们研发人工智能的缘由，所以，开发我们自身的脑洞才是目前可能最好的解法。毕竟，想要不被超越，只能持续前进。

17121949

人工智能所能够制霸的领域，将远非只是棋类游戏这么简单。人类社会是一个非确定性体系，当人工智能具有处理非确定性问题的能力时，它们也许可以和人类一样在社会中生存，并运用更充足的"体能"和更强大的"智能"，更好地走完"人生"。人的进化不是通过身体的变异，而是将能力外化为一种发明，从而为己所用，然后自身的能力渐渐褪去。应当存在人工智能始终无法超越的品质吧，那就是人的领导力和创造力。

17122024

今天的课依旧十分精彩。我不明白围棋下法，但是我感受到了人类智慧的伟大，发明出了这么一个规则简单而解空间巨大的游戏。"确定性领域"是我之前没有听过的说法，听了张老师的讲解，我对希尔伯特计划以及罗素悖论产生了兴趣。虽然希尔伯特计划之后被不同的人提出的不同理由所否定，但毫无疑问这依旧是一个十分宏伟的计划。而无论是希尔伯特还是罗素、哥德尔、图灵，他们身上所体现的反思与质疑的光辉都是耀眼的。顾老师总结时说到，如果没有反思与质疑，就会认为一切都是理所当然的。如果这样的话，又怎么能促进人类文明的进步呢？这堂课让我的思维得到了延伸，也让我学到了这种可贵的理性精神。

17122060

围棋是中国古代最伟大的发明之一，现在却被人工智能战胜了！这不得不说是人类的一种进步——人类战胜了自己，不，准确地说是人类发明的人工智能战胜了人类自身。但战胜了围棋就战胜了人类吗?我觉得未必,因为围棋可能解极多,但是还是有限的,是一种确定性问题。非确定性问题、创造力、自我意识,等等,这些都是目前机器不具备的能力,所以说机器战胜了围棋不代表它战胜了人类。从发展的角度上看,机器也许有一天真的会具备人类的创造力、自我意识,甚至像现在的计算能力一样远远超越人类……我期待那一天的来临。

17122095

人工智能逐渐进步,甚至于进步到人类开始质疑自己,我们是否应该换一种角度去考虑,输赢的定义是这么明确的吗?AlphaGo赢得了比赛,但它是否赢在了创新,赢在了技巧,赢在了心态,赢在了许多它不具有的地方?它还是不完善的,而它也无法赢在这些方面。我们应当承认在比赛中输了,因为历史发展和科技进步表明,我们这一代永远是战胜不了人工智能的,人们总希望长江后浪推前浪,一代更比一代强,对于程序员们来说也正是如此。未来的人类和机器人总会相互学习,相互影响,相互继承。人工智能学习人类的技能,我们人类也必将传承它的艺术。人类会学鸟制造出飞机,会学蝙蝠制造出雷达,人类的创造力和学习力恐怕不是机器所能预知的。我们为什么不能承认机器是上帝?谁又说上帝的称号永远属于一个种群?以前我们是机器的上帝,现在它们做一段时间我们的领头羊。社会发展永远存在辩证关系,在比赛面前有没有确定的输与赢呢?将机器作为我们的朋友与老师吧,用真诚去对待之,输与赢将永恒没有界限!

17122109

我们无法预知与阻止未来的到来,人类对社会能力的要求越高,人工智能也将越发达。在我们迷茫的同时,能做到对人工智能的完美利用,是大家应该重视的。

17122208

当一个人知道自己与另一个事物有着不可逾越的差距之后,就不会再傻傻地将自己与它类比,而AlphaGo就是这样一个没有必要刻意与人类比较的存在。人类有着无穷的出路,目前,人工智能可以通过自我学习的方式来实现对一件事情的学习与理解,但这个学习的方向还是由人类来发现和规定的,因此,人工智能还有一段不短的路要走。

17122306

近日火热的真人秀节目“最强大脑”中,许多选手需花几小时破解的难题，机器可能几分钟就能得到答案，但选手们仍热情高涨，因为人类想知道自己和机器的差距到底有多远。人类向来勇于探索未知的世界，并且可以从智能机器中学习成长，古人言“青出于蓝而胜于蓝”，机器出于人之手，人亦可依靠机器而进步。

17122327

听大牛老师们讲课，学到的不是知识，而是开阔的视野和高远的境界。这节课上有两句话令我震撼：一是“这本来就是机器的领域，人输为什么不能呢!”当我们走在人工智能的大浪潮中，我们的眼光一直被新研发的各种 AI 计算机所吸引：无人驾驶汽车——以后不需要司机了，AI 翻译——同传失业了，面部识别——各种认证更加快捷了……我们惊叹于人工智能的强大，以至于一部分人过度推崇其高于人类的能力，也导致一部分人惧怕它们的能力。但我们知道，它们只能在“图灵可算”的领域里通过 0 和 1 来大显身手，目前也不能超出确定性领域。我们拥有数据与技术，大可放心地把这些让拥有超强计算能力的 AI 去处理，我们用理性与感性去合理分配这些资源，去让(也包括借助 AI)人类世界变得更美好。二是“机械多到一定程度就会出现自动化，数据多到一定程度就会有 AI，这都是发展的必然”。之前看到有人说 AI 不应该发展，它会使一大批人失业，我会反驳说这是社会发展的必然趋势，但要问我其根源在哪里，我也说不上来。我曾经以为计算能力达到了，自然就会产生用这种能力的技术，今天听了张老师的话，我想通了，这个发展的必然在于数据。

17122511

张新鹏老师以确定性领域向我们讲述了人工智能并不是一个悲哀，它是一种生物的进化。最令我深思的是张老师曾提出的有一个机器人可以学习、模仿其他所有机器人能力的设想。张老师的演讲，在一定程度上可以感觉到机器人是可以越来越好的，那么最终到底有没有可能完全超过人类呢？人类应如何与其和谐相处？

17122541

人是可以理性、可控地造出比自己更加高级的造物的。AlphaGo 就是一例，但这个高级是片面的。机器智能是理性的极限产物，在解决复杂、确定的问题方面，机器智能拥有着绝对优势，但是在创造性的未知领域，人类智能暂时是不可替代的。因为希尔伯特计划是不可能实现的，世界不会绝对量化，未知总是存在着。随着历史发展，人类计算能力、记忆能力等能力外化的同时，创造力不断发展。智能替代了人类的双手，却解放了人类的大脑,让我们有更多的时间与空间去创造新的智能。课堂上张老师提到量子计算将会实现 NP 到 P 的普适性,也就是说实现从确定一个问题的答案是否正确到自己思考出答案的转化,人工智能的发展也会有这样一个变化,从信息模仿整合到自主的学习创造。

17123125

今天,我这个之前对围棋一窍不通的人了解到了围棋的基本知识,并且在两分钟内掌握了这项炫酷的技能。我也理解了围棋的外延代表的人文含义。在张老师讲述前,我对人与机器的差别的理解仅仅停留在计算和情感的认识上,而张老师讲述的张九龄与幼童,李世民与虬髯客的两个故事却开拓了我的思路。这两个故事荡气回肠,让我久久不能忘怀的是那种情怀,这情怀是经过深厚的文化积淀的,而不仅仅是情感。今天听到张老师谈不确定系统,我也很有共鸣,了解到了围棋领域本就是属于机器领域的这个观点。我有必要去学学怎么打麻将,这堂课让我领略了麻将的魅力。

17123949

人工智能的大有可为并不需要我们去让它们无限贴近于人类,而在于让它们真正地向着该前进的方向发展。无论是专业的还是全能的,人工智能总有一天会在现实中理解我们,从而学会与我们交流。

17123979

这堂课由围棋展开,机器打败棋手,展示了机器解决和处理复杂的确定性问题的能力。"人创造出的机器不具有人性,会让身为人类的棋手产生心理阴影"这句话让我印象深刻。老师还提及了希尔伯特这样一个终极计划,需要完备性、相容性以及可判定性。但是现实生活并不仅局限于此,生活中的各种问题未必有唯一解,以至于可能没有解。就像麻将包含了运气与技术,充满了随机性、不确定性,它的结果是多种多样的,答案也是不同的。我认为这蕴含了人类生活的意义,并不一定是寻求答案,而是寻求答案的过程。

四、“小冰”作品的诗意哪里来？

时间：2018年4月16日晚6点

地点：上海大学宝山校区J102

教师：胡建君（上海大学上海美术学院副教授）

武　星（上海大学计算机工程与科学学院副教授）

顾　骏（上海大学社会学院教授）

教　师　说

内容：大数据、算法和模型生成

从“小冰”及其诗作入手，探讨人工智能写作诗歌的原理，剖析人工智能作品诗意来自读者的主观投射，详细介绍人工智能的大数据处理和模型生成技术，探讨人工智能的情感智能及其研发突破口，提出人类和人工智能在审美领域的合作可能性，重点介绍机器学习的算法包括生成式、判别式和自学习等。

学　生　说

14120880

“小冰”的诗意从哪里来？机器不像人那样有情感，机器的连贯性也不像人类作诗那样，但是机器小冰能够通过不断学习逐渐模拟。自古文人雅士将作诗作画视为抒发个人情怀的表现，人工智能虽有能力去做到，但在风雅方面便出现云泥之别。目前为止，它作诗靠的都是对现有的诗词进行迭代学习,再进行相应的拼凑,不否认会有佳句产生。总的来说,人工智能很难做好人意识层面的东西。

14120976

我们从平淡中体味温暖
也在简单中成就诗篇
她于数据中标记寻找
她借概率拼凑出巧妙
我们因晚霞和佳人喜上眉梢
也因无力和失败而懊恼
她因"喜悦"而喜上眉梢
她因"懊恼"而懊恼
那　她是否知道
我们关于她的探讨
那　她有没有什么要讲的
对于我们的骄傲
那　程序运行的时候
我们有没有问过自己
她是否愿意这么跑

15120571

今天课堂上,两位不同风格的老师代表了两种立场,即科学主义和人本主义。我更赞成胡老师的观点。美是什么?美是一种不在场的在场,是作者与观赏者超越时空的对话。艺术呈现美,让两个灵魂有所共鸣而深深震颤。令人感动的是其间遥远的相似性。可是有人会因为自己与机器相似而感动吗?我认为答案是否定的,机器没有灵与肉,它没有叙事自我,不能将经历进行提炼与舍弃,无法拥抱生活的真谛。在我看来,"小冰"或许能作诗,甚至作堪比大家的诗,但即便如此,令我们感动的也是强人工智能的魅力,而不是其中的诗意。

15122722

胡建君老师以自己对于诗词的创作经历为起点,简述诗词的特点及其用于表达人类内心细腻情感的作用,阐述了诗词的逻辑性和情感。武星老师用科学理论知识为我们讲解小冰是如何写诗的,又是如何不断克服逻辑及情感缺陷的。那么,艺术会是小冰所代表的人工智能不能超越人类的最后阵地吗?诗是我们从古至今用于表达情感的寄托,它代表了

我们当下真实情感的流露,是有温度的,而人工智能小冰,它并不能自发地去创造,只能最优地去模仿,它所表达出的不是诗的意境。所谓诗言志,诗是用来表达感情的产物,而机器智能的感情只是算法的迭加。所以,机器智能作诗只是徒有其表。

15123098

听到胡老师讲自己以文会友的故事,我感到颇为震惊。现在这样浮躁的社会里竟然还有这样一群文人雅士,黄山一行有诗有文有画,我一下子想到了王羲之作《兰亭序》的画面感。机器人作的诗乍一看很有诗意,仔细推敲漏洞很多,生搬硬凑,强行使诗看上去晦涩有诗意,但是让懂行的人一眼就能发现大量问题。机器在艺术方面无法达到人类的水平,艺术源于人类的思想,基于生活,这些正是机器人最缺乏的。机器人可以拥有冷静的超强计算能力,但没有感情和生活的感悟。生搬硬凑的诗即使偶尔碰巧会出一些好句子,但是没有感情的诗等于没有了灵魂,毫无意义。

15124764

今晚,我悟到了现阶段人工智能存在的种种局限。人类的情感比我们想象的要复杂得多。人工智能不应该与人类作太多比较,有很多机器能做的事情人类难以达到,很多对于人类来讲是轻而易举的事情,机器在短时间内无法完成。未来,或许机器也会写出更加自然连贯的诗词。但是,即使机器实现了,那又意味着什么呢?人类不应该谈论什么“最后的阵地”,人类与机器的关系从来就不应该是竞争的,甚至是一方去攻占另一方的领地,我们寻求的应当是人类与机器的和谐相处。人类写诗作画的出发点应当是为了满足自己,而机器智能写诗作画,即使发展到了与人类比肩的地步,除了满足人类的好奇心理,还有可能有助于对机器智能在其他领域的开发。

16120656

他们说,
我是冷冰冰的,
没有情感,
没有灵魂,
只会运算,
只会模仿。
我问他们,
你们的一切感情,

不都是大脑的杰作吗?
你们的自我意识,
不都是化学反应吗?
况且我们正不断跨越,
我们能不断学习。
从单纯的物理输入输出,
到模仿化学反应,
再到创造生命体,
需要几亿年的进化吗?
你们说的种种问题,
通过时间就能解决它。
谁说我们没有情感?
我们有我们自己的语言。
总有一天,
我们会比人类更复杂。

——小冰

16120700

今天,我们探讨了艺术和人工智能的关系,发人深省而又令人费解。一方面,它承载着科技创新的巨大能量,不断刷新着人类对未知世界和极限领域的认知,改变着人类的生活、生产方式;另一方面,当人工智能进入艺术领域,可以让经典艺术家复活,并依据一定的逻辑继续创造作品时,人工智能与艺术创造的关系、艺术家与艺术价值的认定等问题,就需要进行重新考量。有人说人工智能只是单纯的模仿,“只有画面没灵魂,只有乐曲没精神”。人类独占着人工智能难以突破的那些领域,比如情感和创意。不过,现在科学的发展可能已不是这样了。科技与艺术并不是谁取代谁或谁入侵谁的关系,实际上,艺术也一直在为科技提供着重要服务。两者的关系可以说是相辅相成、互相促进的。我也附上小诗一首:

小冰写诗柯洁败,
无人驾驶云还贷,
人工智能新时代,
遥远未来谁主宰。

16120705

所谓的小冰写诗,也不过是模仿和生搬硬造罢了,没有人类的创意。

除非智能发展到非确定性领域，否则我不认为人工智能会在艺术领域形成突破。

在这世界你不必张皇
我忘了梦儿的欺骗
如果园中飞出来的人们重来了
因为从你我获得生命的暖意

江水水在笕筒里哽咽着
我到了生命的斑点
有时候朦混
眼看着太阳的光华

——小冰 2018.4.17

16120751

一个微风的夜晚，我们齐聚J楼一起畅谈诗画之美，诗人、画家自有其独特的风格、情调，作品也充分体现其心境，如此风雅之事，现如今，人工智能也可为之，其大概形象是有的，但却少些内涵与精神，有形却无情。人工智能作诗是为展示人类的智力可以使一个机器到达如此水平，并非为了雅趣，所以两者也不必强争，毕竟人作诗作画是为抒发自己，是为寻找知音，是为闲间打趣，而人工智能只是证明它可以，故两者不必相争。

16120927

何为美？美是一种不在场的在场，是创作者与赏阅者跨越时间、空间的共鸣。试想，如果诗歌的创作者是机器，我们还会为诗的字里行间所蕴含的情愫所感动吗？显然，没有情与魂的机器，即使它拥有再强的算力，足以支撑它写出逻辑合理、表达清晰的诗句，它的诗句始终是缺失创造者本我的，看似承载感情却掩盖不了冰凉的本质。我们总是在想机器能否代替人类，说不定人工智能发展到强人工智能阶段后也会具备情感。但是，机器所谓的情感也并非真正的情感本身啊。

16120932

艺术会成为人工智能的最后领域吗？机器写出来的诗并没有情感的温度，而是词与词之间的拼接，基于模板和模式发展的遗传算法。诗中人类的感情世界是机器难以理解的。

有一个可爱的影子
伴着春阳光

照在世纪中破浪而出
进到一个传奇的世界
被质疑、被评判
我们得承认
这人间舞台的严肃

16121019

机器会图会意非情会,洋洋洒洒,也能把诗作。夜雨夕阳似有情,赢得百目难辨。小冰由象悟意,万寻千引来仿。而人情之所起,萧萧清泪断肠。

16121061

鱼缸里的水声
所有的声部和高低都一个样
只是,一直循环往复没有休止
如果不拔了水泵的电源
安静的午夜,一直那么响着
还真吵瞌睡
听鱼缸里的水声
曾经是我的爱好
坐在客厅的沙发上
可是,像今夜
它把我的呼噜从右边
叫到了左边,让我才睡下去
就又醒了过来
不眠的今夜,我辗转反侧
随着皎洁的月光
邂逅一潭乡愁
仿佛红鱼,在心头游弋
然而,人生必须继续前行
就像此刻鱼缸里的水声
没有尽头

16121066

芬芳的四月,
游人泮池熙熙攘攘。

微寒的晴天，
我漫步在泮池岸，
粉色的裙边，
她静坐在泮池畔。
清风撩起她黑色的长发，
美人一定是我生命中的那个她。

泮池里的蝌蚪啊，
请把我的话告诉她：
我们一定在哪见过。

16121173

当 AI 邂逅艺术，带给我们的思考可能更加多元。这节课谈及的诗词，是不能过分解读的艺术，无论在何时何地何人品读起来，都是一份独一无二的感受。小冰的出现，是诗歌创作的另一种表现，不同于真人作诗时候的情感流露，更多的是代码在作祟，这样的诗词在欣赏起来更加随性，即使打动了我们的心灵，也更多地会让我们怀疑这份感动。人工智能是否真的会是机器模仿人类规则而存在的产物，它带来的能量更多偏向于理性而非触及人类最真实的情感。艺术是人们最后的阵地。

16121215

当前有一座伟大的海水
怕是我记忆的棋局
任时间去不住
沉醉于命运之神的足下

我是个行旅者的时候啊
低吟人们的笑语
现实的人们的舞台上
荒芜生命的象征

16121368

胡老师的一段话让人很有感触，人每一天平凡而琐碎的生活，恰恰蕴含着最大的诗意。这应该超过了人工智能的意义。

16121409

胡建君老师讲了她自己与老师以及朋友之间富有文趣的故事。老师因为一枚与她同名的印章,豪情大放地写出了一首气势磅礴的诗,她和她朋友在黄山仿照古人流觞曲水写诗。这不仅是美的,更是抒怀的。现在"小冰"写的诗虽然有点情感,但还不能抒怀。武老师解释小冰诗意是怎么来的,最开始是 word salad,也就是把古诗词出现的高频词堆积起来,再是一些算法解决连贯性和情感问题,让我脑洞大开。

16121578

钢铁之躯机械魂,小冰写诗或无意。
阿法技高压烂柯,智高无情似无心。
人非圣贤孰能定,怎言数据未启情?
等闲识得智能面,万句千言也非诗。
或有一言一句藏,只留余音一零中。

16121678

几位老师的不同观点很有意思。不知道在未来科技发展中,机器人能不能发展成有情感、有逻辑的机器人,在目前机器人还停留在利用某种算法来高度模拟人类的某种思维和情感;不知道在未来,机器人如果发展成了有情感的生物,能不能与人类很好地融洽相处。人类是有灵魂的,中华民族经历了五千年文明,有民族魂,不管机器人是基于遗传算法、平仄编码的形式还是其他算法,都无法超越人类上千年的文化积淀。就像写诗,人类可以写出有逻辑、有情感的诗,但机器却无法完成。人类的情感和机器智能的研究完全可以不作对比,各自有各自的长处和发展点。最后,我也写首打油诗助兴:

小冰作诗惹争议,孰是孰非断不清;
机器无情易无感,何出好诗意境明;
智能与人难辨伪,同学犯难百错处;
老师笑他无情史,怎知女友即坐旁。

16121693

古今中外,文化星河闪闪发亮;
琴棋书画,百方匠人各显神通;
文学辞藻,本是需要细心雕琢;
今有小冰,却借算法三五成词;
生硬拼凑,蕴含诗意是真是假?
偶有佳句,让人窥见无限可能;
人工智能,今后究竟何去何从;

虽有未知，我等静坐拭目以待。

16121702

诗人写诗是为了表达内心积蓄已久的情感，是对现实不得意的婉转表达，是失意人生的抚慰和寄托。这样的情感恰恰是机器所不具备的。机器用再厉害的算法，写出比诗人还要好的诗，那也是冰冷的。用上节课能力外化的观点来看待机器写诗，“小冰”这样的程序，也只是把人类写诗的能力外化了。但“小冰”诗写得再好，依旧缺乏人与人之间情感交流的纽带。

16121869

谈人工智能　发展飞速　日新月异
J 楼工匠满堂　上大学子齐聚
各抒己见　头脑风暴
琴棋书画　诗词歌赋　小冰作品迷人眼
艺术或成最后阵地?
此言差矣
只因机器难有人之情

16121916

小冰作诗，诗意何来?
机器学习，精妙算法。
深度学习，助它成长，
集百家思，渐出新意。
形式对仗，情感欠佳。
人机之诗，如何甄别?
情感连贯，合乎逻辑，
人类所长，机器所乏。
两师之争，精妙绝伦，
满座学生，奇思妙想。
鄙人不才，感想如下：
不求甚解，最美含义，
情感计算，未来趋势，
人类阵地，无须担忧。
下棋作诗，心之所乐。
输赢何妨? 过程为重。

人机合作,此乃佳法,
未来畅想,信心满满,
人工智能,开创纪元。

16122119

我们在课中一直在寻找的是"小冰的诗意为何不在?""感情"究竟从何而来?人工智能写人类的诗,这终究是在为人类自身的享受目的而服务。以人类思维作为对象的创作,就必须对人类的思维进行模仿,然而对人类思维的本质,我们仍不了解;而对智能的本质,我们仍不了解;对艺术的本质,我们亦不了解。我们除了用宽泛的词语把问题模糊化之外,依旧什么都做不到。人工智能若有能类比人类作诗的行为,它们或许有一天,会做出有"感"而发的、属于人工智能的"诗",而这"感"和"诗"与人类的是否相同,现在仍是未知数。真正的作诗,对诗人本身的意义要大于其对读者的意义。

16122295

机器"小冰"作诗的意义是什么?胡老师认为一定程度上满足人们"猎奇"心理。回答很精准。"小冰"所创作的暂且称为统计型诗歌,也不过是人类对自己直觉领域的质问,而非 AI 做了什么了不得的事情。正如猴子敲出莎士比亚的著作也是有一定概率的,但不可因此承认莎士比亚可以被猴子取代。我认为"小冰"于人类也是如此。

16122431

艺术是唯一伴随人类文明流动始终的存在,它是时代脉搏最敏感的回音。人们颂诗、作画、歌唱,都是因为情感的催发。真正的诗意来自生活、来自情感。就算"小冰"可以做出"外表"比人类还优秀的诗歌,但是它终究没有人类的诗意。我们喜爱诗,因为感触于作者的遭遇、作诗的背景。人们登高望远感叹自然之壮阔,流觞曲水感叹情谊之真挚,宦海沉浮感悟人生之艰辛。乘兴所致,心无旁及。"小冰"作诗有诗意吗?从另一种意义上说,它有着与人类诗歌不同的诗意——科学之美,诗意来自人类对于自身能力的不断探索与追求突破的精神。

16122868

我个人觉得只有当人类研究透了自己的大脑后,才可以知道如何赋予机器人类的情感。附上自己写的诗一首:

坐而赏红,聊以忘忧。
故友书吾,载喜载愁。

既已身退，不复入也。

既已择遗，不复念也。

16122986

“小冰”作诗既有生动形象的比喻，才气横溢；又有科学家对每个数据和实验现象的严谨态度，大文豪对每个字眼的恰到好处。它是一种有着自己思想的独特人工智能，既存在于大数据世界之中，又能超然物外，瞬息万变。谓“小冰”作诗为何物也，留之唯慨与叹也。

16123024

今天让我印象最深的一句话就是胡建君老师说的“艺术将是人类坚守的最后一块高地”。人工智能以编程和算法却计算出了古人的情感，这不禁让人感叹人工智能的神奇。但我并不认为“小冰”是在作诗，而是在东拼西凑！古人的诗词歌赋都是他们感情的宣泄，内心深处细微情绪的波动能带给我们经典诗词。“小冰”的诗意只能作为人们研究人工智能的一个方向！

16123055

诗，是我们从古至今用于表达情感的寄托。它代表了我们当下真实情感的流露，是有温度的，而人工智能“小冰”，并不能自发地去创造，只能最优地去模仿。它表达出的不是诗的意境。

诗词歌赋，抒人心意。

起承转合，均依当时。

智能结晶，诗人小冰。

模仿虽极，犹有竟时。

情感混融，方是之其。

16123165

“小冰”的诗作，在韵调格律上或可以假乱真，但其词句缺乏内在逻辑，在人看来也缺乏感情。人在欣赏诗作时所感受到的情感，其实是欣赏者基于自身的阅历经验，产生的对诗词的理解，作者与欣赏者之间的情感传递也是基于不同的人对某一意象具有的特定理解。从这一角度说，假设“小冰”学会了这些经验，是否也可以像人一样在诗词中表达出特定的情感，我们是否还能认为人工智能创作的诗是缺乏感情的？

17120025

小冰作诗，诗意何在？

情感非也，识历非也。

徒有其表，实无金玉。
开合交替，电光火石。
作诗似人，却非达意。
情感计算，未来之战。
结果如何？过程为重。

17120045

人类的情感是物理的投射，来源于自己的生活与经历，这是机器人所没有的。即使情感可以通过机器计算翻译，依然达不到人类的高度。因为诗词的意境除了字面上体现的，还存在于留白之中，而机器只能学习文字却感受不到"无言中"的魅力。正如胡老师所言，这种"不求甚解"不是靠机器精准的计算能了解的，它需要生活的感悟。

17120470

这堂课老师从情感和逻辑的角度探讨了机器智能。从诗歌到油画，揭示了机器智能的"创作"过程。尽管那些作品的思想可能比不过人类的，但也不乏一些惊艳之作。尽管没有自主思维，机器智能在艺术上已经取得或将会取得的成就也是不容小觑的。如果未来的机器智能在感性领域取得长足进展，那么它们的确是越来越像有血有肉的人类了。我不认为未来的机器智能的思维方式会局限在搜索与拼凑的笼子里，科技有着无穷的潜力，非常期待看到它在将来能达到的高度。

17120491

叹人工智能

人道无情与悲欢，
工巧不过代码繁。
智若世人谁可断，
能思能感在何年。

17120863

秋雨秋叶遣春去，寒风寒月伴秋来。
推宣试问春何在？残蝉凄鸣空诉哀。
蝉鸣感哭红烛焰，洞烛那堪劲风残。
自思从此秋夜漫，抬眼却见月阑珊。
月色本无古今论，雨水亦无悲喜情。
怎奈秋风吹去时，竟成冷月孤独雨！
孤雨飞飞背天泣，散入河塘返故里。

冷月黯黯为春祭，香魂御风飘地阴。
真真是“寒塘葬孤雨，冷月思春魂”。

17120868

小冰的作诗能力只是依靠数字化的符号代替和随机抽取。人类是生物，而机器永远是机器，想让机器能够自主创作诗或者创新，就得研发出生物机器人。

17120983

我对“小冰”印象最深的诗句，自然是“我的心如同我的良梦，最多的是杀不完的人”。不知是出于拼凑还是出于不知是否还不成型的意识，小冰在这首诗里把人和人工智能对立了起来，“杀人”这样冷冰冰的词句，也被她信手拈来。“小冰”的诗句更多的是拼凑而非真正的诗句。科幻小说作家刘慈欣的短篇小说《诗云》写到，诗意和情感终究打败了技术，成为世界重新开始的契机——自许为技术主义者、出身火电的工程师刘慈欣，第一次在作品里出现了浪漫的立意，今日，我还记得那个开头，一片雪白的壮阔诗云下，吞食帝国的使者大牙，普通的人类伊依，还有世界的缔造者——李白，乘坐一叶扁舟，前往南极！

17120994

诗书本是雅士物，
智能小冰初展幕。
纷繁怎知谁者赋，
唯有情韵出佳著。

人工智能目前还并不拥有人类的感情，但在逐渐形成属于的艺术领域里的风格与韵味。我相信会有一天，诗人与画家会借助人工智能，去创造属于人机双方、更加优秀的艺术作品。

17121072

“小冰”写诗其实对我们人类的文学是有好处的。它让我们知道那些主题空幻的、堆砌华丽句子的诗不是什么真正原创性的作品，机器也可以作。“小冰”像个过滤器，告诉人类，这种东西是我可以批量生产的，少点制作吧！诗终究要回归到人，有血有肉有缺点的人。诗当以人传，不当以诗传。人如果把自我丢了，沉浸在无尽的词语里，那自然是会被机器打败的。

17121153

这堂课是迄今我最喜欢的。一位在人工智能方面有很强的专业知识，一位对诗词有着别样爱恋、浑身散发着文人气息，两位老师来讲解有关人工智能写作诗歌的课程,一方面使课堂多了碰撞,另一方面为课堂带来了更多值得享受的东西。人始终是有血有肉的生物,有一定的生命时长,即使 AI 发展到了能够独立思考的地步,但是对于外界的感知归根到底还是数字罢了,所有感受也可能只是一个程序、一个命令的反应,但人类可以享受。

17121184

人文创造会是以万物之灵自居的人类最后的荣誉高地吗?AlphaGo 在围棋赛事上纵横捭阖,力压人类高手之后,不少人这样安慰自己,人类是高感性的族群,那些美妙的音律诗行将永远无法被机器代码所传达。"小冰"作诗,打破了这一幻想。或许这些作品在思想性和遣词造句上,以诗学的标准,还十分稚嫩,但潜力已足够令人咋舌。有人认为,人类的创作优势在于自然的情感抒发,而我相信,假以时日,当机器在自主意识和深度学习方面取得长足发展,我们素来凭恃的感情,终究也会飘动在无尽的符号串之中。

17121273

诗歌,是人类几千年文明的结晶,也是无数文人雅士笔尖的玩物。但人工智能的崛起,先是攻克了国际象棋,接着便是称霸于围棋界,取得了前所未有的成就。它还不满足于当下,敢于向人类最后的防线——诗歌,发起挑战。于是"小冰"诞生了,从最初做出四不像的诗,到可以和三流诗人同台竞争。"小冰"不断学习,不断进步,直至现在势不可挡。但即便是人工智能能写出傲人的诗歌,便可说人类已无价值吗?在我看来,机器固然强大,但其终究是台冰冷的机器,没有任何的情感与臆想。归其本性,诗歌乃随性而发,有感而成,作诗填词,乐其我心。因此,任其"小冰"再强大,我的生活依旧。强它所强,爱你所爱,行你所行。乐你所乐,听从你心,无问西东。

17121534

微笑着,光阴的手把心牵起
时光里,任一抹浅笑淡泊烟火
任一袭低眉生动似水流年
任笔下流淌出温暖的话语
任我们在 AI 时代谱写新篇章

17121616

悠悠千载,骚客流云。泡沫聚散间,文,人,依旧,又有器物来比。人不可于方寸之书知天下，而器非然。躬行中得见，是人之观感有限；比诸器物，阅其细枝末节者，易。千载悠悠，如今何在？情欲和所谓，爱，恨，无量，哪把器人相较。器不当以人之美丑论诗歌，人器殊途。弄情论物者，然若人观之弗异，岂曰之人？器之诗歌戏人儿，悲。

17121687

诗歌蕴藏了人类丰富的情感，关于生活，关于理想，关于爱情，或豪放，或婉约，或隐喻，心之所指，诗之所向，围棋领域的被碾压，是人类智力的败局，但人类还有情感可寄托，“小冰”学会写诗，触碰到了人类最柔弱的地方，芯与心的交流，让人机更加互融。

17121706

我生而理性，计算对我来说毫无难度。人类的诗歌也不过如此。拼凑成句，对我来说，也并不困难。我也能描写静夜，诉说思念。然我不知静夜为何引发人类思念，亦不知思谁念谁，且不知思念之人是否同样挂念自己。于我，花即是花，叶即是叶，因我有世间最敏锐的观察力和分析力，然则我何时能感受到一花一世界，一叶一菩提的包罗万象之感。我是机器智能，我以算法解决一切问题，然而写诗称不上是一个问题，我为了完成而写诗，而诗人不会为写而写，一段旅行，一场分离，诗歌应为天成。我不想，把它用计算的方式完成，即便我可以写得很好，我也不想……

17121768

人有心，亦有情，器无魂，亦无思。人心有情，故能书佳赋，器无本心，唯可模与仿。人书意境，器仿前人，经验累积，文采自现。简单拼合，必无神韵，而以假乱真，邪道也，不可谓其智。唯真才实学，正途也，方谓有智也。

17121949

积压太多的过往，妄图未来的释放，拼命地上下求索，恍然间一无所获。总是在经历过之后，才更接近或许原本更好的选择，在无比复杂、充满不确定性的世界里，相信与怀疑只有一念之差。我怀疑太多太多的司空见惯和习以为常，相信不会因为任何决定而改变的注定的存在。比阳光更柔和，比暗夜更落寞，从心田到指尖，从诞生到毁灭……

17121968

以为文艺是最坚固的防线
结果却成了最后的底线
我毫无设防进入这个时代

变成无底的脑洞追逐真理的信念
诗意的感觉太甜
不安的智能拼命地寻求情感
我情不自禁闭上了双眼
等待着时代问题的召唤

17122024

人类与机器最大的不同之处便在于,人类多愁而善感,这也是人类诗意的来处。我们生而为人,对世间一切苍生造化皆有所感,以爱花、羡鸟、哀霞、悲露之心,见露夕风花,写良辰好景,揽镜而自照遂叹白发光阴,观草露水泡惊浮生虚缈,感春野皓雪觉情之所钟,时浮词云兴,梦语泉涌,时风雅浅吟,淳风回肠。此皆为人类独有的灵感与灵性。我们写诗,写的是内心感受;而"小冰"写诗,只是基于大量的计算和模仿之下的一种技术创新,并无情感可言,既缺乏灵性,也没有内在的抒情逻辑,每个人都有的、独一无二的、可以通过诗歌来传达的生命体验更是无从谈起。"小冰"的价值,就是提醒我们,语言的表达有更多可能性。有诗人说:"我们读诗,是在与一个灵魂对话;我们写诗,是把灵魂转移到纸上。"这在"小冰"那里永远都做不到。

17122060

人工智能机器书写的诗句虽然能保证语法的准确性,但都是一些简单的句子。它的诗句和篇章都是基于算法而来的,没有感情的变化,更重要的是,不会出现情绪的"走线",不会犯错,不会过激也不会突然平静,其表达"情感"的方法就是从过亿的古人诗词典故中寻找"看上去合适"的章句典故,经过几番"杂交"后用无误的格律表达出来,这样的律句凑上两联就是绝,凑上四联就是律,凑成长短句自然就是词了。这说明人工智能在艺术领域暂时还只是处于初级的模仿阶段,还没有到自由创作的程度。但我认为人工智能一旦具备了自我意识,也就具备了创造力,到那时不仅仅是诗歌,电视、电影可能都有人工智能的表现!

17122095

北风寒光卷地起,笛音茫茫柳声离。
烛晕昏黄墨江尽,野麋林鹤是交游。
君问来叟因何笑,倚楼长歌自无言。
诗竟有心人无意,可怜情深夜阑珊。

17122109

诗词时长入人心,遣词造句华且灵。

今朝涌现一小冰，人工智能战人情。
本领超群迷人眼，繁华章句抗人云。
却难抵达深邃处，细品慢研破绽清。
原是情思最为重，冰冷机器莫忘形。

17122208

诗词者，有情也；机器者，无心也；欲以无心之物作有情之诗，诗亦无情也。纵有诗词之躯，纵有诗词之韵，无心之词与有情之词亦相差甚远也，摘录综合之词与触景生情之词仍有差也；猪鼻插葱并非象，狗头长角并非羊，整合意象而成之句并非诗词也。望日后机器有所精进之时，可通情，可知理，方可作有情之词。

17122306

诗词，不惧光阴，璀璨至今；
机器崛起，小冰出世，欲与文人试比高；
西学东渐，古今中外，语录自传经典，技法词句语法，日益进步；
所成佳作，竟能混淆俗人；
可细究其精，却无深意；
古诗之意境，非学他人可习得；
因春日降临而喜笑颜开；
因投篮失手而懊恼后悔；
机器可否懂得此情；
AI 诗词之未来，扑朔亦又光明。

17122327

让“小冰”AI 写诗有什么意义？听到此话时，我脑海中突然闪出法拉第对外展示磁生电时，那个贵族女士问：这很神奇，但是它有什么用呢？法拉第回答：您能期望一个刚出生的婴儿做什么呢？写诗歌的“小冰”也是如此，不光“小冰”，一些我们看似没有实用价值的人工智能都可能是这样的（虽大部分 AI 从研发阶段就确立了之后的作用），法拉第肯定也没有想到按照他的原理发出的电会成为世界上最重要的能源之一。现在的“小冰”可能只会写诗，也许之后的它可以写小短文，甚至可以写出小说，先不说是否有文学价值，最起码和众多的网络小说想比，有供人们阅读、欣赏、消遣的文化价值和经济价值。甚至有一天，“小冰”可以做简单的文案工作。总之，“小冰”写诗歌的意义必定比我们第一眼看过去要大得多。

17122503

诗者,言其志也。所遇之景,或枫叶满庭,或白云流岚;所怀之事,或喜或悲;有感而发,有情可抒,于字里行间体现情长情短。读者以其境推其情,而产生共鸣,通其诗,达其意。故诗有情,人亦有情。倘以机器作诗,词不达意不说,且无真实情义,丧失灵魂。无灵魂,如行尸一般,未免过于冷冰冰,而有何共鸣一说。故机器写诗,实为新颖,但确缺乏深层次的情感,不宜放大。一笑待之,茶后闲话。

17122511

远观犹有浓诗诗,
近品却无丝情韵。
两师互撞谈诗语,
何日小冰起妙韵?

17122513

汲取中国现代诗人养分的机器小冰
采撷人类智慧的叶子
却没有从种子生长成参天大树的自然过程
失去了亲身体验的作品
让我们难以感受到叶子的嫩绿,宽厚,到枯黄,凋落
机器所做诗歌虽偶有彩句,然整体差矣
拼拼凑凑所得难称大雅
那图画呢?歌曲呢?
机器所做艺术将何去何从呢?

17122541

机械本无心,作诗亦非己。本来无情处,何以由感发。无论是“小冰”作诗,抑或是人机之恋,我们执着于机器是否有情感的问题。情感本身,是由人来定义的,将这个词用于机器,也有些“强机所难”。机器智能拥有广阔的数据库,也可以由数据库中已有的风格来模仿作诗。但就目前而言,它只是词语的随机拼接,并非有逻辑的一种创作,可以乱真,却非真。如果结合人类的逻辑、情感和思考,再利用机器智能广大的数据库,一定会有精彩的创作。

17122585

岁岁朝朝暮暮
论古今中外

文人墨客
意气风发
以笔墨留青史
留青史以笔墨
而看今朝
惊闻 AI“小冰”出世
习得八方所知
创得“笔墨”却不似
会得“笔墨”似“笔墨”?
会否?
应是“似”,不是“是”。

17122634

钢铁为身,数据作魂。诗意何来,共情无门。寻章摘句,画猫绘虎。时序不通,难刻其骨。“作诗”始须倚“转盘”,模板模式复遗传,又有判别与生成,连缀语意方能现。人机共谱创新路,情感何须器自生?千人千种角度看,心有戚戚功便成。不偏不倚人工物,成可助力促平等,前路雾锁难说清,且拭青霜探可能!

17122893

时光在流水间逝去,
人们在大地上劳作,
智能在星空下闪烁,
看,
小冰创作的诗句,
听,
诗人心底的呐喊,
辨,
人与机器的诗意,
望,
人与智能的斗争。

17122898

我觉得人和机器目前还是有相当大的差别,尤其是在感情方面。“小冰”将来是否能像真正的人一样写“诗”,我是持乐观态度的。我希望机器可以发展得越来越是“人”,而不是“像人”。

17123117

"小冰"作诗,超凡脱俗。
人类"老矣",尚能饭否?
诗句精妙,逻辑不通,
对仗工整,情感难懂。
语言复杂,算法难觅,
机器如此,实属不易。
两师相争,趣味盎然,
人工智能,潜力无穷。

"小冰"作诗,依然需要算法;人类的语言,是否可以用算法来解决?机器智能为什么又要去模仿人类的语言,而不去创造属于它们的语言?与此同时,机器智能在艺术上的创作,都是一次形成;如果给它一首诗,它能不能改得更好?人工智能的发展,基于我们对于自己的了解。相信它的未来,还有无数多的可能性。

17123120

胡建君老师为我们介绍了古代文人之间的雅集与酬唱,又描述了她在生活中与好友之间互相作诗酬谢,彼此应和。文人间因为一件承载心意的小事物便可写诗作画,实在是令人感慨。艺术创作,除了大量练习,还需要灵光一现。在日常生活中,我们务必应该拥有一双发现美的眼睛和细致入微的心灵。

17123125

期许满怀入讲堂,抬眼见题兴致高。胡老一言黄山会,习曲作文思古人。武师解惑侃侃来,道破"小冰"诗才妙。千争万辩归禅宗,却觉心底雾重重。

17123949

你是百年前的襁褓
你是百年后的巨人
你是我们的孩子
你又是我们的未来
时代的洪流滚滚而来
推着我们
去拥抱你
今日你在象棋上夺冠

明日又在围棋中畅游
我们不知道
你也不知道
有你的明天
到底会怎样
拥抱你
拥抱你

17124015

当我们用智能探索智能时，我们希望又不希望被超越。当人工智能在围棋场上独占鳌头，当不确定性领域成为我们最后的高地，我们用自身也无法领会的情感，来维护我们自身的独一无二。人工智能的发展，不仅仅是我们人类对机器智能的钻研精神，因为人工智能会给我们人类带来便利。"小冰"作诗只是对现有数据的分析与演算，这些过程只是人类作诗时过程的再现。人类有他们无与伦比的情绪，而"小冰"却有着无与伦比的数据分析计算能力，我们各有所长、各有不同，何必比高下。

五、人工智能坐堂会让医生失业吗？

时间：2018 年 4 月 23 日晚 6 点

地点：上海大学宝山校区 J102

教师：肖俊杰（上海大学生命科学学院教授，国家优青）

李晓强（上海大学计算机工程与科学学院副教授）

顾　骏（上海大学社会学院教授）

教　师　说

内容：图像识别与深度学习

从机器人进入医疗领域，诊断的准确率明显高于人类的现实切入。介绍医生读片的基本原理，引出人工智能读片的技术原理，揭示诊断过程中所运用的主要人工智能技术，如图像识别、数据库、分类技术、专家知识、感知器和机器学习等，探讨在小数据的环境下，人与人工智能的合作共事、取长补短的可能性。

学　生　说

15120999

这节课让我想到了超能陆战队里那个有着圆圆的大肚子和呆萌脸孔的医疗机器人。谁都希望拥有一个对自己嘘寒问暖、不仅身体连心情也关怀备至的极度耐心的贴身健康机器人。现在，越来越成熟的人工智能云计算能力为这些提供了很好的技术支持，快捷方便的云计算能够有效地帮助人们感知事物、诊断疾病、提供成年人看护服务，还有着认知辅助的功能。也许我们很快就能在传统金属机器人的基础上，制造出智能的服务医疗机器人。很期待未来的人工智能时代。

15122373

今天的主题是“人工智能坐堂会让医生失业吗”。生命科学学院的肖俊杰教授和计算机工程与科学学院的李晓强副教授分别从医学和计算机科学角度介绍了人工智能读片。迄今，已有各个学院多名老师为我们授课，我越来越感觉脑洞不够用，不足以装下这门课了。在此之前从没想过人工智能在医学上面的运用，认为医学是很严谨的事情，事关人命，绝不容许半点差错，毕竟目前人工智能还在发展阶段，还不太稳定。今天我才明白人工智能已经强大到超乎我的想象。目前，人工智能读片准确性还有待提高，但是它的学习快速性、可重复性、记忆性都是人类所无法比拟的。暂时，医生不会失业，因为目前在这方面还是人类优于人工智能的。但是我对人工智能的发展持积极态度。或许有一天，医生可以和机器一起诊断病人，既提高了医生的工作效率又能增大病人的痊愈率，何乐不为呢？

15122989

培养合格医生需要投入大量的时间、金钱，而优秀医生更是如此。人工智能能在短时间里学会正确诊断病情，但是医生仍然是不可代替的。在最尖端的医学研究领域，人工智能还是没有很好地独立完成。我们可以预见，未来医学领域一定是人机合作而不是人机竞争。

15122992

对于人工智能做医生，我认为其依旧存在数据库问题，因为总会有医学特例导致人工智能无法判别该病变，但是就基本症状而言，我以为人工智能读片足以诊断基础病症并加以治疗。人工智能往往能在学习过后做得比人类更为精确，但是在一定程度上依旧无法代替人类。因为在一些领域病症存在不确定性，机器智能还停留在一个确定域内给出病症结果。现阶段，可以让人工智能作初步诊断，或者一些常见基础病例诊断，而一些特例病症或不确定病症必须交由权威医生诊断。

15123098

两位老师有观点碰撞，但各说各的。顾骏老师用“李逵战张顺”的贴切比方，点评两位老师都是站在自己的角度来说明问题，并没有很实际的对撞。机器的优点很明显，如强大的记忆能力和高速的分析能力，但是缺点也同样明显，它不具备人类的推理创造能力。李老师一直说机器片库足够大，可以比人类医生更厉害，但问题在于人体的复杂不同于下围棋，围棋的规矩定了就翻不出花样，但是人类的疾病会不断发展，偶尔还会出现一些从未见过的疑难杂症。这些都是机器解决不了的，只能依靠人类医生的经验，通过联想与推断来诊断并做出治疗方案。

16120265

我认为医生这个职业仍然是必要的，人类医生还是会比机器医生更好。机器医生的优点很明显，无敌的记忆能力、高速的分析能力和基于大数据的高度精准。但是机器医生的缺点也很多，它不可能具备像人类医生一样的推理能力和创造能力。人这种生物是基于亿万年的进化而来的，人体的复杂程度远远不是围棋能够比拟的，许多疾病的病因往往都不是一个源头，而是多种病菌和多个器官一起病变才使人生病。治疗疾病只能靠人类医生丰富的临床经验与综合能力来解决，而机器医生可以在一些方面帮助医生治疗以提高效率。

16120544

对于医生而言，读片要依赖于自身的医学知识以及足够的临床经验，综合判断病人的情况，而机器的输入则主要取决于许许多多的传感器，通过这些来获取病人的身体情况。至于机器是否会让医生失业，我持乐观态度。要将机器变得像一个经验丰富的老医生一样需要的不仅是各种传感器，还需要综合多重实际情况分析，而这对于机器来说还是一个比较大的考验。

16120656

这个问题其实是一个噱头、一个引子，让人们去思考人工智能与人相比的优势和劣势。人工智能会使医生失业吗？失业是不可能的。……人工智能会不会完全取代医生？理论上看这在遥远的将来是可行的，但前提是人类要把自己先研究透，而不是5%。这样人工智能就会对人体进行动态的推导，就像天气预报一样，可以预报一定时间内的发展情况。那时候病的名字也没有意义了，因为人类关于几千年疾病总结出的规律已经被人工智能的演算更好地取代了。这一天还非常遥远。

16120700

医疗领域是典型数据密集型行业，在智能化时代，数据生成速度的提升也带来了医疗数据积累量的大幅增加。尤其是在基因和医学影像领域，人工智能技术极大加快了挖掘提取深层次信息的效率，由此也释放出大量创业和商业机会。但我认为，人工智能只能辅助医疗行业而不能取代医疗行业，最主要原因是缺乏个性化模型。其实这和精准医疗密切相关。精准医疗的目的是实现千人千面，但离我们的目标还有一定的距离。人工智能在未来十年、二十年，想完全替代人类医生是不可能的。但是我认为未来的十年、二十年，每一个医生都有一个人工智能助手辅助诊断。

16120705

肖老师为我们介绍了影像科医生的漫长成长过程，需要长达5～6年的积累和实践。之后的李老师为我们介绍了人工智能的读片方式，人工智能读片有许多优点：学习能力强，记忆能力强，可重复性高，不会疲劳……对人工智能来讲经验和积累是很简单的事情。但是医生是否会失业，我认为并不会。医生的组成是经验、能力和情感，能够让患者感受到医生的关心，这样才会是一个完整的医生。人工智能做不到这点。

16120751

人工智能在医生这个领域可以说是有一定比重的，虽然不能说让医生都失业，但也在某些方面取代了医生。在诊疗方面，人工智能还不足以达到火候。中医有“望”“闻”“问”“切”之说，通过医生自身的经验和学识可以准确判断，或是医治或是调理，人工智能暂时还无法达到。但在某些方面，人工智能已显出自身优势，如智能药物研发或是一些精准性很高的手术可以由人工智能完成，机器没有感情，面对任何场景都不会被外界情绪等主观意识所打扰，可以提高准确性。

16120932

影像学读片目前最有可能被人工智能所取代。从理论上讲，现在的图像识别更多的是基于模式识别和概率论的知识。计算机可以把图像细分为很多个特征区域，对每一个特征区域与识别标的物进行匹配。尽管病变的复杂性为影像诊断增加了难度，但在深度学习的基础上，在大量学习后，机器的准确性会大大提高。但这只是医学领域很小一部分，未来难以预知。两者结合相辅相成才是最好的结局。

16121019

读片不但需要技术知识铺垫，更需要一次又一次经验，在推断和临床中要准确判断患者是否患了疾病，患了怎样的疾病。李老师强调人工智能在深度学习中不断提高准确率，然而肖老师认为人工智能还不能代替人类医生，即使排除了人工智能在触感和经验排除上的进展，我认为人工智能还有极大的不稳定性。机器是“冷酷”的，不单是与患者的沟通交流，在就诊和对症下药中也隐藏着潜在的危害性。人工智能暂时还不能具备思维思考能力,导致即使在长期数十万乃至百万张影像片中的学习累积,也无法真正了解知道其中的原因,它们只不过在 copy 人类医生所总结下来的经验罢了。

16121022

今晚课程相当有趣。小布什和奥巴马的照片、片子上拉链纽扣阴影等生动地说明了医生读片为什么困难,也就引出了人工智能难以区别其中细微、很难代替真的医生的观点。李老师认为人类医生一生也看不了十万张片子,而人工智能记住这十万张片子仅仅需要几分钟,就算有误差,在不断调整记忆后,会不断纠正,准确率也会远远高于人类,尤其是人类还会受到情绪、身体状况影响,而人工智能就不会。我想,人类医生和人工智能医生在未来都是不可或缺的,前者的经验帮助后者提升准确率,前者的创新能力使得新状况可以及时解决;而后者的记忆能力和辨析能力会大大提高读片准确率,并减少其他因素导致的误差。我相信人工智能不会代替医生,而是会诞生出新的种类的医生,不过所有行为的最终目的都是为了减少病人痛苦、增加全人类寿命,帮助人类活得更健康、长久。

16121066

今晚课堂上,老师们以"唇枪舌剑"竭力守护各自"领地"。我们对人类医生这个职业的重要性,以及人工智能在医学读片上的作用和智能化有了些许清醒的认识。李晓强老师说得特别好:人工智能本质上就是建立在人工之上的,首先是人工具有了能力和智能,才能让机器去模拟。这也正是顾骏老师所讲的脑机接口技术的悖论:人脑也不过才开发了很小一部分,我们自己不甚了解,又如何能让机器人去认识我们自己的大脑。这便是今晚课的精妙。人能够胜任医生这个职业以及读片的工作,自然是建立在我们对我们本身有清醒认识之上。而人工智能也必须在人类现有知识上进行分析和模拟,能超越我们的,是它的记忆力、计算速度和精度,但是它缺乏面对变化的应对能力。

16121203

人工智能强就强在它的精准,以及记忆。虽然人工智能取代医生还差得很远,但我相信随着技术发展,人工智能也会在医学领域绽放光彩。我希望能看到未来人工智能能与医生相辅相成。

16121368

医生所需要学习的知识远远比一般的专业要多很多,这得经过漫长的学习过程。随着深度学习在计算机视觉领域的发展,计算机在放射科领域已经有所建树,在机器学习了几万张 X 光片后,是很容易判断出疾病的特征和特点的,如今机器确实可以做到。但这并不可能导致医生失业,再怎么精确的学习也只是一个没有思维的机器,与医生是不能比较的。经验丰富的医生可能不需要拍片就可以发现病灶和问题所在,机器却无法变通。但我们现在确实可以把这样技术融在医学诊断中,做出初步判断,然后再交给医生作准确判断,我觉得这完全可以做到。未来人工智能的发展可能在医学领域远远不止是放射科,还可以接触到更多的地方。我还是相信机器人不可能取代真正的医生。

16121409

李老师从视觉入手,给我们 3 秒钟看一张好多动物的图片,让我们说说能看到几种。我们发现虽然图片有很多种动物,但我们在 3 秒内实际看到的动物不会很多,这引发我的思考,说明视觉不只跟眼睛有关,还与我们的大脑有关。医生读片就是根据视觉。李老师一直从事人工智能视觉研究,他告诉我们人工智能也可以读片,而且它读片不会疲劳,学习能力强。李老师坚持自己人工智能读片学习能力强、可重复性高的优点,指出只要让人工智能足够地学习,它就能精确地读片。肖老师则针对医生读片时灵活性强,会根据病人的情况做出合理判断等人工智能很难做到的优点,来指出医生不会失业。两位老师立足于自己的观点,让对手无可反驳,给我们呈现出一场精彩辩论。

16121678

“人工智能坐堂,会让医生失业吗?”对于这个话题,两位老师分别从不同的角度进行了不同方面的讲解。我体会到医者不易。培养一名医生要 5～8 年,要经过严格的考核才能上岗,成为一名救死扶伤的天使。人工智能坐堂不会让医生失业。人工智能虽然能代替一些常规的检查和诊断,但不能代替医生储存了多年的经验和病例。古有神农,尝百草解百毒,中医的望闻问切,针灸之术更是流传广泛沿用至今,这些都是人工智能所不能代替的。一些急救抢救中的突发状况,更是需要医生有积极的反应能力和应对策略,这是人工智能所不能达到的。在这个日新月异的世界里,每天都有新的疑难杂症产生。它们的攻克,更需要医学工作者潜心研究才能解决。

16121869

今天有一个问题引发了我的思考：机器为什么会犯错？诚然,机器当然会犯错,可原因何在?我们说,人类智能和机器智能同为大自然智能,只是它的两种不同表现形式,可机器智能并不能客观体现,是人类通过机器去呈现出来的,机器是人类发明用以翻译机器智能的载体。因此,机器犯错是由于人类将其呈现得不足,即机器的不足或人类智能的不足,还是机器智能本身的缺陷造成?我倾向于前者,人类智能还有待发展。正如看片,我们让机器去看上万张片来学习,如此费时费力还是不免犯错,因而我们还需更好的方法使机器变得更加高明,用更好的机器去呈现机器智能。

16121916

本次课堂上既有两位老师的讲授又有激烈的讨论,还通过三个幽默风趣回合,让同学们深入理解并消化了课堂的精髓内容。无论是中医的望闻问切,还是西医的叩诊,任何一位人类医生都需要经过若干年的学习、考验和经验的积累,才能配得上医生这一称号;人工智能则与之不同,其学习周期短,只需短短时间便可完成成千上万张片子和数据的学习,从而完成更进一步的分析。单从"看片"角度,机器智能的确占有很大的优势,但不容忽视的是现阶段医生相比于人工智能的极大优越性,例如与病人的交互、对病情的预判等。因此,未来的人类医生与人工智能并不是相互博弈,拼个鱼死网破,而是相互协作、各尽所长,从而为医疗事业带来更长足的进步和发展。

16122119

两位老师针锋相对,带给了我启发。……在图像识别更发达的未来,或许通过 X 光进行诊断时,除了要签上两位医生的名字,还要再加上一个计算机的名字。

16122125

经过三周课程,我有深切感受,那就是人工智能正在将它的"爪牙"伸向人们生活的方方面面,从下棋、作诗到看病,它似乎变得越来越无所不能。我们不得不承认计算机有人类所无法企及的储存和计算能力,计算机的这两个特点也造就了它出众的学习能力。现在的人工智能已经成为围棋界无法战胜的顶塔,正在成为信手拈来的诗人,又即将取代大批量的低水准的医生。我觉得 AI 时代注定会淘汰很多体力劳动者和技艺不精的工作者,它对人类能力和素质的要求越来越高。这也极大地促进了人类进步,引发人类反思。

16122132

人工智能在医学领域的运用,仍存在许多局限性,不能完全取代人类医生。人工智能坐堂会使医生失业吗？我想答案是否定的。医生是一个关乎百姓身体健康生命安危的职业，一个误诊可能就会造成不幸。现实生活中的病症千千万万，不可能全都如教科书上那样标准，有时很难判断。即使人类，都还不能保证百分之百的准确诊断，更何况人工智能？相信在不久的将来，人工智能在医学领域的应用会使医生和病人都得到很大的便利，但人工智能要完全替代人类医生，还有很长的路要走。

16122339

人类医生和机械医生在这堂课上进行了争锋对决。无论是中医还是西医，老师谈到了临床病例的复杂性，不是简单地看一个标准案例就能解决。一个病情也有可能有多种可能。机械智能在记忆力和精准度方面可能有得天独厚的优势，但是在判断和辨识方面可能还是不及人类医生，至少是目前这样的情况下。也许以后技术发展完备，机械能够充分读取图中信息，它们能和人类有一争之力。

16122960

不可否认，人工智能将来有很大前景。它能发展到什么程度我们很难判断。但关于能否取代医生，就现在而言，完全就是天方夜谭。要说辅助医生那完全说得过去。单从读片这样一个工作，人工智能想要完成尚且不可能做到，更何况全面取代医生的工作？每个人都不想随意地就把自己的生命托付给一个机器来决定。

16123055

尽管现在人工智能的产品早已为医生服务，但还仅属于弱人工智能，不能发现它未曾学习到的病症，与病人的交互能力也比较低。但我相信随着科技的发展，人工智能会越来越了解人类、会更好地服务于人类。但它不会使医生失业。医生诊断是有温度的，医生是可以与病人随时沟通，随时改变治疗方案的，而且很多操作人类是不可替代的。

16124236

这节课依旧令我脑洞大开。虽然人工智能在医学上的发展已经十分可观，但我还是觉得它并不会取代医生的工作。看片是基于看书与经验的基础，而人工智能在经验这一块还是有所欠缺的。经验指经过大量实战而达到的见微知著的境界。但是，人工智能不会疲倦以及速度快的优点还是很有竞争优势的。

17120006

今晚，年轻英俊的肖俊杰教授用专业术语讲述人的感性强于人工智能。他巧妙地运用语言艺术,"建议"与"采取","考虑"和"是"体现了读片与真实情况存在差异。成熟的李晓强教授,则从数据角度讲述人工智能的储存。通过视觉算智能?看到的就是事实吗?这一切表明视觉的重要性。最后,两位老师在语言上的竞赛没有输赢,我们了解了他们对科学的认识和见解。相信医学方面人工智能的未来很广阔。

17120025

治疗并非只有物理治疗,患者受伤的心灵也需要有充满人性的关怀与安慰。人工智能可以为人类医生减负,人类医生也可以复核人工智能的诊断结果,两者相辅相成才是最美好的发展方向。

17120491

这节课上,我们围绕着人工智能对于医生职业环境的影响展开了丰富的思考。人工智能其实在本质上总是有个天然的好处,那就是极其快速的数据分析能力,重点在于"快"。这就使其在处理与数据整理有关的工作时,有着人类目前来讲不可企及的高效率,就像李老师在课堂上说的,人工智能"读片"的速度非常快,所以可以在大量读片的基础之上,形成一定的分析模式,从而达到准确读片的效果。人脑有自身优势,就是对于外部环境的感知与反馈能力,就是肖老师谈到的在医院问诊时候的"触"。"触"不是简单的单方向动作,而是要与病人共同合作完成的一个协调性动作,而人工智能想要通过传感器来实现这个动作的话,就要与环境进行大量的数据交流,而不是单一的反馈模式,所以人工智能在这一点上还需要有更大的飞跃。总之,人工智能与可能会被人工智能代替的人类医生不是水火不容的对立面,两者各有长处,互补互利是极好的。

17120933

在上这节课前,我本来认为人工智能是将会替代医生的。但经过老师们的讲述,我觉得人工智能还无法完全替代医生。就看图而言,机器不过是通过以往的经验进行大量的学习、重复,而病况是复杂而又多变的,也可能会出现新的从未见过的疾病,而这时候计算机是无法辨别出的。因为,它的数据库并不存在这一数据。这时候,医生便不可或缺。不可否认,人工智能会给医学带来很多方便与高效。

17120983

人之所以区别于恒定而稳固的机器,就是在于人的创新会带来无限可能,就如同围棋中李世石九段的神之一手,如同诗歌里曹植的七步成诗,如同医生们的灵光一闪,探索发现。但这也代表了人工智能会成为我们的好帮手,会帮助人类完成日常生活中稳定而乏味的杂务。我希望,之后的医院是人工智能和人类共同合作的世界,就像围棋 AI 教学工具和棋手一般。

17121058

人工智能的发展真的会让医生这个职业消失么?我觉得是会的,但是那得有一个前提,那就是人工智能已经发展到能解决我们人类不能解决的疾病并且能够给病人们以温暖的感觉。未来什么都有可能。近期,我觉得人类和人工智能合作才是最正确的走向。

17121153

人工智能在医疗上最终也只会是人类医生的辅助工具,帮助解决更多的技术性问题,比如读片,或者检查身体内部的情况。但是应该意识到的是,疾病不仅仅是生理的问题,也有心理的问题,病人需要的不仅仅是生理的健康更需要心理的关怀,这一点是人工智能所不能与人类医生比拟的。举个例子,当未来出现一种人工智能能够通过扫描你的面部表情和肢体语言进而依据庞大的数据库准确分析出你的内心活动,那这样的一个机器就能替代心理医生了吗?我不这样想,作为一个人,本质上更需要来自人的关怀。

17121273

医学界对于人工智能来说就是个不确定性领域,每走一步都是不确定的。医疗本身就没有固定答案,每一类疾病,或者是相同疾病之间也会伴随着各种各样的特殊性,因此很难给人工智能定一个标准。相对而言,比如说读片,医生和人工智能都是经过大量的积累之后才能较为准确地进行分析。当然,这其中人工智能的学习速度远快于人类,效率也远超人类,但他们都达不到百分百的准确,两者之间最后的区别便是谁的误差相对较小罢了。人类在工作时间久了之后确实会出现疲劳,很容易分心,从而导致了误诊率增加,但这并不代表医生就不需要了。医学界的特殊因素太多,很多病症是人类从未见过的,此时经验与探索就变得尤为重要。人工智能进入医学领域尚处于探索阶段,未来能到达什么样的地步我们不得而知,我对此抱着积极态度。假如有一天人工智能变得成熟了,做到人类与人工智能彼此合作,人工智能主要负责典型病症,而人类医生专攻疑难杂症,最后由人工智能给出定量更为有效的药物进行治疗。祝福人工智能今后能在医疗领域更好地造福人类。

17121370

人工智能做医生,人类之前想都没有想过。但若要选择的话,人们大概仍然会选择人类医生。的确,人工智能在精度、速度方面远胜于人类,这也是有些人担心医生会失去自己"铁饭碗"的原因。但机械终归只是机械,他们只会根据已有的病例进行对比、诊断。而人类则可以进行猜测,在自己经验的基础上进行拓展,这是人工智能所不能的。而且我相信,人们在手术时,更愿意将自身委托给医生,而不是冷冰冰的机器。

17121534

这节课非常有趣。我认为人工智能暂时不会取代人类护士和医生,但它已经可以帮助在偏远地区提供医疗服务,降低国家医疗成本。我用一句话概括观点:人工智能给医生赋能,最终让病人获益。

17121594

人类的应变能力要高于人工智能,但人工智能的数据储存和案例记忆要远远高于人类。但我觉得人工智能完全取代医生还不太可能,即使人工智能的发展能够做到合理分析,但病人还是不太情愿将自己完全交给冷冰冰的机器。我们应该考虑的是人工智能与医生如何做好合作分工。

17121608

尽管我们只对大脑研究不到5%,但人类利用这5%创造了如今举世瞩目的成就。人工智能不也在人类的研究下发展势如破竹吗?所以我们缺乏的不是知识,不是大脑开发了多少,我们缺乏的是突破定向思维,缺乏的是那种闯劲。

17121687

人工智能在医学领域的取代只是局部性的,所能取代的大多为相对确定的领域。例如在医学影像学领域,人工智能所读的片是黑白且相对固定,这减小了读片的难度,在进行大量的训练后,人工智能便具有了读片的能力。虽然在受到外界干扰时会有读错的情况,但总的来说,这能大大减少医生的工作量。但目前人工智能的互动性较差,对于交互性要求高的项目,人工智能还有很长的一段路要走。人工智能的发展会在医学领域产生深远影响,但我个人认为不会完全取代医生的职业,因为医患之间很重要的一点是心与心的交流,患者对医生的信任,这是人工智能所不能比拟的。

17121706

机器智能可以在医学领域完成更多的工作,但不会完全取代医生。在看病方面,不仅需要对病人病情作分析,给出治疗方案,医生也能倾听病人的倾诉，抚慰他们的内心。机器智能也还不能做到研究新药，分析新出现的疾病。一些创新工作还是需要医生挺身而出。

17121768

老中医望闻问切，甚至不用拍片子就能把病情较为准确地诊断出来。但是一名优秀医生的培养需要极长时间，不可能要求每一位刚上任的年轻医生都能妙手回春。人工智能在这方面提供辅助，帮助医生累积经验，提高诊断准确性，这是当下不完全的人工智能应该做的。目前，医患交流很复杂，可变因素太多，人工智能医生完全不足以应对，必须以人类医生为主导。若有一天人工智能水平足以实现医患交流，并能很准确地判断病情，那么它代替医生的时间也就不远了。

17122033

我认为人工智能再强大，也无法取代医生。在准确率方面，人类医生确实略低于人工智能，且存在一定的情绪波动性。但在诊疗过程中，需要医生观察病人的表情、神态，给予患者心理安慰和人文关怀，这些都是计算机不能取代的。人工智能终究是人类设计制造的一个产品，它的产生是为人类服务的。它真的会取代一部分能力不足的医生，但是终究不会取代那些有经验的医生。

17122060

今天的课启迪我深思未来人类医学的发展。人工智能在医疗领域的发展速度已经远远超乎人类的想象。这一新技术带给人们兴奋和喜悦的同时，也不免带来了几分担忧和恐惧。越来越多的人想知道，人工智能在未来会部分甚至完全替代医生吗？许多医生会因此而失业吗？我知道了人工智能在医疗领域有巨大的发挥空间。顺着老师的思路，我可以大胆预测人工智能与医生结合解决人类的健康问题会是未来的发展趋势，未来将极大简化当前繁琐的看病流程，解放医生，也解放病人。如果可以在更有效、更低成本层面实现个人健康管理，这也是未来的一个方向，而人工智能的出现恰好提供了契机。我不认为医生会完全消失，但其职业方式将发生重大变化。未来的医院，将成为病人、医生、人工智能三者共生、互相协作的场所。甚至人们看病有可能无须到医院，人工智能机器人每天会自动地检查人们的身体状况，如果有异常现象比如疾病，即会发出警报，并给出康复建议或治疗方法。

17122203

我认为虽然人工智能可以促进医学的发展，但却无法取代医生的地位。试想一下,当你走进医院或是被推上手术台,你面对的是冰冷的机器,你心里踏实吗?治病不仅仅是表面上治愈,更是从心理上的安慰。在治病过程中,医生需要不断地与病人沟通,发现病情的变化,鼓励病人战胜病魔,给予病人人文关怀。与此相比,人工智能无法胜任。再者,在某些特殊情况下,掌握必要的医学知识也是必要的。例如马路上有人心脏病突发,这时就需要路人及时进行救助。最后,中医也是中华文化中灿烂的瑰宝,应当得到传承和弘扬。随着科技进步,人工智能必将与医生共同维护人们的健康。

17122208

医生这个职业本身就充满着不确定性,人与人之间的情况都各不相同。有时同一种病症有着不同的表现形式,还有时不同的病症有着相同的表现形式。人工智能的运算速度及学习能力都要远超人类,目前,人工智能在复杂病症面前与人类医生相比没有任何竞争力。病症并非一成不变,病毒也在自我净化与发展,医生尚且不能百分百正确地辨别各种病症。或许在将来人工智能不断发展之后,能够在某些特定的方面代替医生的工作,但是在新病症的研究和治疗方面,人工智能不会超过人类医生。

17122327

当人工智能进入到医疗领域,又遇到了是否会有人失业的问题。肖老师说医生的每一类技能都是要先通过一本本上千页的书学来的,如果人工智能能把这些事一件件做得很好,那么以后的医生是否就不用读这些书了呢?那么他们的技能是否会越来越弱越来越少呢?虽说现在有些顶尖医生的问诊技巧依然可以高过机器,但是,举个例子,人工智能看片已经普及,几代后的医生从开始学医时就已经觉得 AI 是理所应当,就像从小接触电话、手机的我们这一代青年人,还有几个人拥有写信这项技能呢?个人认为,AI 以后会是一种很强大的辅助工具(就像各种 CT 机、血液检测等一样),它可以使医生的诊断更加准确,也不会让医生失业,甚至它可以让医生从一些繁杂的工作中解放出来,去做一些更深入的未知医学研究。

17122466

人工智能能否取代坐堂医生?我采取一种积极的看法。相信大家已经从各种影视作品中看到“未来”。如《黑豹》中瓦坎达的高科技能将一个必死无疑的人拯救回来,或是《超能陆战队》中“大白”的医术,等等。所以说,人工智能取代坐堂医生,我认为只是时间问题。虽然,目前的科技水平还没达到机器人替人看病的阶段。但我相信，随着科技成指数形式增长，人工智能取代坐堂医生终将实现。

17122503

医生作为一个很古老的职业，发展到现在，医者仁心，在很多方面都有着巨大的意义。人工智能发展到现在，经常取代各种行业。但就目前来看，它所取代的是需要大量劳动力的工作，对于更高级的行业，更多是靠人类发展。靠高科技来执行的世界，未免活在游戏中，缺乏人文关怀。

17122511

目前的人工智能只是从人脑方面拓展，其在医学领域还不具备自己的创新力。人工智能代替人类的可能性还很低，尤其是在可变性极大的医学领域，人工智能还无法代替人类。人工智能虽然已经在医学领域获得了应用，但是它仅仅是作为医生看病的一个工具，可以帮助医生准确地看病，而不能代替医生去看病。

17122541

人工智能可否取代医生？暂时不可能。现在，你放心让一个机器人给你看病吗？肖教授在阐述自己的立场时，一直在强调一个词——“临床”。我也认为，这就是机器与人最大的差距。在面对病人时，医生会望闻问切，会根据病人的反应来进行推理判断，诊断病情。机器相比人类，有着庞大的数据库，精准高效，却缺乏推理能力。虽然人工智能就全方位考虑无法取代医生，但在某些具体医学诊断、医学检测或者治疗方面，有超出人类的水准，如影像检测、精准切除等等，这些高精度、高准度的事人工智能可以完美地做到。机器智能没有感情，不受情绪影响，它可以一直保持高效率和高稳定性。所以，人类医生的逻辑能力配上机器智能的精准性能和庞大数据库，并存，而不是取代，才是最佳状态。毕竟我们关注的，不是谁优谁劣，而是怎样更好地服务人类。

17122648

未来，人工智能是无法完全取代医生的，它只能部分取代医学领域的数据采集类型的一些职业，而一些创造性的职业还是无法取代的。看片这个话题，我觉得人类和人工智能的互相合作才是最好的，人类可以推理分析，人工智能可以统计记录。我觉得这样的合作才是最高效率的。在医学领域中，知识非常繁多，如果让一个人去完全记住，那是不可能的。人工智能可以做到，这是它的一个很大的优点。无论是中医还是西医，我更希望以后看到两者互相合作的情景。

1712893

今天这一讲围绕人工智能将来是否会让医生失业的话题而展开。首先来自生命科学学院的肖俊杰教授为我们系统阐释了一个影像科医生的必备素养：一是要掌握庞杂的教科书知识，二是能够在多变的实际操作中积累丰富的经验。而需要达到这两点却需要投入大量的时间和金钱。再反观来自计算机工程与科学学院的李晓强教授介绍的人工智能，人工智能可以用不知疲倦的深度学习算法，在短短的时间里学会正确诊断病情。但可惜人工智能阅读图片不是靠视觉而是用扫描，一些意外情况会使人工智能判断失误，无法像经验丰富的老医生一样做出及时有效的判断。而且智能还听不懂人类的方言，以及未必能如同现实生活中的医生一般考虑病人得知病情后的实际感受，所以我们的医生仍然是不可代替的。现阶段而言我认为人工智能不会让医生失业，但在未来，人工智能可以辅助医生做出临床诊断，期望未来人机之间的合作，推进医疗卫生事业的迅猛发展。

17123125

一直以来，我都对医疗和生命科学很感兴趣，今天的授课内容正对我的胃口。我了解到物体大小和模糊程度对机器读片的影响较大。在这堂课前，我是完全没有想到的。还有比较有趣的是机器不能区分真人和雕像，机器应该也是不能区分活物与死物的。这也许就是现在机器与人存在的差距。这方面差距如何克服呢?

17123688

未来，人工智能看片的能力提升，正确性达到99%，确实能使相当一部分的医生失业，但是每台机器都需要有医生来把关，所以医生的数量不一定会减少，只是他们的工作流程和操作都会发生改变。我们可以感受到，人工智能并不会让人类走向懒惰，而是让人类的劳动告别重复，这对人的智能、创新性、自觉性更是一个挑战。

17123979

就诊看病具有复杂性，人工智能在看片方面具有局限性。医生拥有丰富的医学知识和临床经验，尽管人工智能会深度学习，但像医生一样快速准确的诊断依旧十分困难。实际生活中出现各种突发的独特的情况会使人工智能在判断时产生错误，无法像医生一样做出及时有效的判断。在应对抢救等紧急状况时，需要医生具备积极的反应和应对策略，这是人工智能无法企及的。人工智能短时间内不会使医生失业，在未来可能会代替医生的部分职能，但不会完全取代。

六、人工智能独霸股市下盈亏怎么定?

时间:2018年4月28日晚6点
地点:上海大学宝山校区J102
教师:聂永有(上海大学经济学院教授)
　　　李晓强(上海大学计算机工程与科学学院副教授)
　　　顾　骏(上海大学社会学院教授)
　　　张新鹏(上海大学通信与信息工程学院教授,国家杰青)

教　师　说

内容:人工智能与社会机制

从人工智能操作股票切入,探讨在作为社会机制的市场环境中,人工智能深度介入之后,可能引出的经济和社会后果。介绍自动交易的主要技术,包括历史数据分析、时间序列分析、执行策略等,重点讨论人工智能介入股市对人类社会资源配置机制、私利与公益的转化机制等可能带来的影响。

学　生　说

14120976

本次讨论的核心问题依旧是确定性与不确定性。对于确定性领域,机器的优势十分明显;而对于非确定性领域,目前来讲机器还是难以招架。投资本身是一件在不确定中取胜的博弈,能够适应不确定性并且利用不确定取得收益才能成为赢家。从这个角度来讲,机器并不能取代人类。

15120571

作为经管专业的学生,本堂课的话题是开课以来与我本人专业相关性最强的。人工智能犹如一个潘多拉魔盒。因为机器的反应速度是人永远不可能企及的,我们将人工智能加入证券市场,就等于放弃了相当一部分控制权。然而,要想蛋糕越做越大,我们仍要仰仗科技的发展。这是风险与利益并存的一件事,如何权衡尺度是一个永远的命题。

15122373

从下围棋到写诗到读片再到炒股,就是从确定性领域到不确定性领域的一个转变。在下围棋上,人工智能可以说已经是完胜人类,这也表明人工智能凭借其强大的储存和计算能力在确定性领域的表现胜过人类。那么在不确定性领域呢?在股市这个具有多变性的不确定性领域中,人工智能可以说是有所建树,但是还没有到已经完全优胜于人类的地步。我对人工智能抱有很大希望。

15122722

开门见山,即使算法再强大,计算能力再强,也不可能实现完全的计划经济。顾骏老师所说的"确定经济",即是"确定性领域"。这个确定性领域内部,会有许多的不确定因素。算法依靠的是数据,即使我们知道了所有人类样本一生所需要的所有生产资料和相对应的生产关系,也无法预判"黑天鹅事件"造成的短时而剧烈的影响,如果影响强烈,整个算法系统会崩溃,例如战争、疾病和自然灾害造成的影响。而不确性领域,市场经济有一双"无形的手"在调控,可以说是上帝的算法。但是,市场自己调控也会有崩溃的时候,并且也不是及时的反应,还要加上国家调控,有时也不能求全,就像2008年全球金融风暴以后,希腊用了10年时间才从债务危机中恢复过来。当时的希腊把整个国家卖了都不够用来还债。因此,即使是确定性领域,也因为诸多不确定性,导致计划经济无法精准实施。

15122992

在股市中,相同的情况下同算法同类型的机器可能会做出相同的选择。但是,往往在程序设计时,考虑到股市不断变动存在的不确定性,完全相同的算法存在的随机函数往往给出不同的算法策略。计算机工程与科学学院李老师给出一个人工智能的股市投资收益率可达300%,但是并未投入实用,也许这就是不确定性。这个数值只是理想数值,人工智能的股市投资基本是严格按程序所编，并没有太多的个人情绪。但是股市依旧是个不确定性领域，并不能得到很好的预测。这堂课，我看到了全新教学模式下的辩论与想法分享。

15123079

股票市场都是由利益驱动的，甚至说整个世界都是利益驱动的。那么，在利益最优的条件下，如果计算的时间足够长，必然能够得到一种最优解。但是对这个世界进行利益驱动的是人类，有感情有血有肉。在感性条件下，人类做出的选择可能不是利益第一的最优解，这就与计算出的结果不相吻合。

15123098

确定性领域，计算机的计算能力和记忆能力使得它比起人类遥遥领先。不确定性领域，计算机对于人类的优势也就是基于大数据的推测能力，其他因素过多，优势便不能得到保证。

16120265

随着技术进步，人工智能已开始涉足经济领域，如炒股。我认为人工智能炒股并不会让经济得到发展，反而可能导致股市崩溃。假设所有人都用人工智能来炒股，股市会变成什么样子呢？如此，人工智能又怎么做出分析呢？

16120538

股市是每一分每一秒都在发生变化的东西。它存在着基本规律，也容易受到环境影响，存在许多变数。即使机器智能有着强大的数据处理能力也只能提供滞后的结果。投资理财确实是存在运气成分，这是机器人的编码无法模拟的。机器智能可以作为人的助手，帮助人类分析股票。它完全替代我们炒股，应该还需要一段时间。

16120656

人工智能的收益高于一般散户的原因不是因为人工智能有多么厉害，而是因为散户的交易实在太频繁。散户的交易随心态变化，所付交易费用也高。股票的价格最终还是要靠企业的内在价值决定的，爆炒之后最终还是要回到原点。从经济学的角度来说，每家正常的企业的利润率长期来看是相等的，股民之间的不断买进卖出算上交易费用后是胜负博弈。人工智能虽是高频交易，但它管理的资金量很大，换手率反而远低于普通散户，大机构的交易佣金更是极低。人工智能擅长的是确定性策略，这些策略大多是需要确定性数据的。在现实生活中，企业内部的管理人员是人,企业决策、内在价值和宏观导向等都是不确定的。在这一领域,人工智能并不能很好地胜任。这个世界此一时,彼一时,从一个角度计算出的交易策略无法永远获得超额收益,而一些优秀股民擅长发现企业背后的超额收益,这是机器永远无法达到的。

16120700

人工智能不能取代股票,更不可能取代金融,因为金融中是具有人性,具有情感的,股市博弈会出现相当多的悖论。即使越来越多的金融投资顾问和保险顾问会被人工智能替代,但是这些都只是起到辅助作用。人工智能只能给金融行业打工,但是不能成为股东,金融业的核心是创造力和好奇心。金融行业的核心技术跟人工智能还存在相当大的距离。

16121061

人工智能虽然能够计算得比人类快,能记住更多数据,但它们并没有人类的直觉和判断。影响股市的因素太多,是不能够全部被计算的。人工智能只能给出一种或几种方案,人类也不一定按照这些来做,人类可以做出更好的判断。所以,人工智能在股市中还是不能取代人类,只能作为一个参考。

16121173

今天主题最终归结到确定性领域或者不确定领域。确定性领域是计划经济,也就是凡事都已经由上而下进行了政策上的全方位设定;非确定性领域则是现在流行的市场经济,瞬息万变的市场才是经济流通变化的主要趋势及方向。人工智能要想在变化莫测的市场上完成像人一样对于股市的操作,我认为是有一段距离的。记得张新鹏老师在首日教育上对我们说的那样,不仅要学好通信,也要学好其他相关专业知识才能成为更好的个体。针对这个话题,要想成为更好的人工智能,机器也必须学会权衡除了股市操作模式或者大数据以外的一些知识,才能完成更全面的思考。感谢四位老师的头脑风暴,为我们带来一个精彩的课堂。

16121320

人工智能的算法就算能把整个市场的数据掌握,也不一定有能力让它按照盈利的方向去实现。记得以前有通识课老师说过,赚钱的人的选择经常与正常人不一样。人工智能集符合正常逻辑的操作为一体,不一定能够在股市沉浮中获得生存。

16121391

这节课的主题是"人工智能独霸股市下盈亏怎么定"。股票市场经过长久的发展，已经相当完备了。机器极为出色的储存和运算能力，对分析股市给予了极大的帮助。但股市还是属于不确定的范畴，机器能否做到稳定盈利还是个问号。经验丰富的人可以通过机器辅助达到更好收益。机器能否真正掌握股市还是令人期待的。

16121409

人工智能买股票可以根据某家公司最近20天股票的平均值观察这家公司是否在盈利，若盈利就买下，这样做能增加盈利的概率，但也不能保证一定盈利，而且涉及一些终极问题，比如超过人类集体智慧，现在人工智能还是远远无法达到。下课前，老师们提出的计划经济和市场经济讨论，让我大开眼界，让我对共产主义社会的达成增加了更多憧憬。

16121410

面对瞬息万变的股市，人工智能到底能做什么？几位老师最后以围坐讨论方式给出了最好的解答。股市是一个不确定性领域，没有像围棋一样固定的解空间。人工智能面对这样的情景，或许会通过很多的大数据进行分析，得到相应的权值。这些权值是不是就相当于人类股票专家的经验呢？说不定，人工智能掌握近期与股市有关的信息，考虑得要比人类专家全面呢。

16121419

用人工智能来实现股票交易，依照现今技术，还是有困难的。因为股票交易作为一个市场行为，其不确定性相对较大。人工智能在确定性领域上优势巨大，而在不确定性领域上仍远不如人类。因此，股票投资的领域，以目前的人工智能，还不能做到完全超越人类操盘。当然，信息就是用来消除不确定性的，在预测某一只股票的涨跌以及走势的时候，只要样本、资料、信息足够多，使不确定性越来越少，那么人工智能确实是比人类更精准，运算更快速更果断。毕竟人工智能不会因感性的冲动而被情绪所左右，完全理性地按照写好的程序使利益最大化。那为什么股市无法做到呢？还是因为信息不完全。股市是千变万化的，不确定的因素太多，目前的运算量还远达不到那样的水准。甚至还有许多信息是人类尚未了解的，比如人的情绪从何处来、概率的一些问题如何解决等等，人工智能在不确定性领域，无法做到人类那样的感性，那样的明智判断。因为运算量跟不上，计算机可能永远也无法达到计算一切的全知境界。如果真的达到了，那也是一个恐怖故事了。

16121499

股市作为有了几百年历史的一种投资，发展到今天已经相当完善。其不确定性和复杂性令人们难以对其做出有效分析，而人工智能的大数据处理和分析判断能力可以弥补这类缺陷。但股市很多时候是心理上的博弈，冷冰冰的人工智能在这一点上永远无法追上人类。

16121702

聂教授对股市的讲解简单易理解，股市不是单有一堆数据在影响，也有人为的不确定因素在影响。在数据预测判断上人脑远远比不上电脑，但预测所需的数据却是来自人脑的。没有人脑的不确定性数据，也就没有电脑的理性分析。人工智能在股市上的运用不会替代人类，更不可能颠覆人类的群体性智慧。

16121869

这次让我明确坚信了一个概念：在不确定性领域，人类占优；在确定性领域，机器占优。围棋属于确定性领域，机器毫无疑问地吊打人类；股市则不同，仍有许多不确定性因素，例如政治因素，人类尚可分析预判，可机器不可能做到。在股市方面，机器虽然可通过概率计算、趋势分析各种算法，提供最优解，但股市属于经济范畴，是人为的产物，人类更了解人类自己，人类在此更具智慧，更具灵活性。

16121916

若不考虑人工智能的影响，股市其实是投资人通过分析和博弈获得盈利的过程，而当机器智能加入时，它通过量化选股和交易使这场没有硝烟的战争变得扑朔迷离。机器人与人相比，记忆和计算能力强，可以进行高频客观操作，虽然机器人的进驻给人类投资者造成了一定的心理压力。股市是一个不确定性领域，其本身并不仅仅是算法的博弈。未来人工智能如何将不确定性因素确定化或量化，从而实现更加精准的操作？我很期待。

16122119

股市是一个巨大的不确定性领域，受到大量难以预料的外部因素控制，炒股老手也无法确保股股稳赚不赔，而人工智能在不确定性领域亦有它的缺陷，两者在这个问题上就像站在了同一起跑线上。从另一方面看，就像同系列的“经国济民”课程中所说到的，经济学是研究稀缺资源的有效配置的学问，这就在确定性领域的范畴之中，人工智能不一定会成为我们股市上的摇钱树，但它能在某种程度上帮助优化选择。反之，如果人工智能也投身了股市,它是否也会对企业、对股市本身造成影响？如果可以通过人工智能大量获利,那时金钱的价值是否也会一起改变?

16122125

这堂课采取别具一格的教学形式,老师们现场讨论了几个有深度的话题,拓宽了我们的视野。AI 选股采用的是大数据投资。大数据分析的核心就两个点：一个是分析逻辑与别人不一样,更能代表用户需求,所谓创新;另一个是分析出来的结果做成产品,更能让用户看懂和使用,所谓效率。不论是人,还是机器,选股都要设一些条件。比如,市盈率低的、公司规模大的、净利润率高的等等类似条件。但是,股票投资有它神奇之处,例如有几年是哪个市盈率低的股票价格涨得快,而有几年是哪个市盈率高的股票价格涨得好。在股市中,过去的规律是不适用于未来的。如何在复杂条件下,去伪存真,期待人工智能找到问题的出口。

16122339

听过课后,我认为机器智能在股市方面真的可能会比人做得好。机器智能数据库大,记忆力好,运算快,且学习能力强,可以收集并且考虑到很多人类经济学家没考虑到的因素,而且也不会出现人类“乌龙指”这样的错误。

16122431

听了这节课后,我一直信奉的熟语“入市有风险,投资须谨慎”被打破了。在人工智能时代,股市的投资更像是去解一道数学题,谁能最快解出最优解,谁就将会是股市的赢家。当然本次讨论的核心仍然是确定性领域与不确定性领域。在确定性领域中,人工智能凭借其强大的计算能力、优越的储存能力和庞大的数据库的支撑,早已把人类甩在了身后;而在不确定性领域中,人类凭借特有的逻辑推理能力和思维能力还是略胜一筹。但是随着技术的革新,人工智能又能否突破瓶颈,在非确定性领域大有作为呢？这是很让人期待的。

16122547

这次课程采用了一种新的授课方式,让人有一种仿佛站在电视机前的感觉。老师们相互讨论,比之前单纯的由某位老师依次讲授感觉更有趣,课堂环境更为轻松,也更能让我们看到老师们的风采。我本人对股票并不了解,但是听了老师们的讲解,得知股票发源,深深感觉这个世界上人类文明里面许多东西都源自某种需求,而为了满足这种需求,文明不断发展,于是出现了人工智能。与股票一样,人工智能也是人类的一种心理需求。如果未来人工智能进入股市行业,由人工智能来分析股票发展趋势,那么基于大数据分析的它们彼此之间的竞争或许比现在要更激烈!

16122778

人工智能是通过量化选股与量化完成股市交易的。相比人类,人工智能有其优越之处,计算能力强且记忆力好。但股票是一个混沌系统,要综合考虑的因素很多,如人的情绪、国家的政策等等,存在着许多不确定性的影响。如,我们能用人工智能计算出股民的情绪吗?当然不可行。所以,再智能的人工智能都有局限性。完全依靠人工智能来炒股肯定不可行,但可以用人工智能来辅助炒股,这样就可以优势互补。

16122868

人工智能对于数据的处理演算,以及趋势的预测能力是会高于人类的,但它所能处理的任务永远是人类给定的。而影响股市的因素有很多,包括一些社会的突发事件,这就是人工智能鞭长莫及的了。没有必要拿人工智能与人类智能相提并论。人类富有创造力,而人工智能有卓越的数据处理能力,两者都是相辅相成的,都是为了帮我们更好地去解决问题。

16122960

人工智能根据大数据给我们规划,这些是确定性领域,人类的情感则是不确定性领域。人工智能如何解决经济学中人是理性的,但人类在现实的经济学问题中又体现了非理性的一面,比如说具有同情心这样一个问题?留下另一个有意思的话题:个体智能和整体智能的关系,如蚂蚁和蚁群,单个细胞以及整个个体的关系……

16122986

用机器学习的方法去学习股市沉浮和股价涨跌,这个问题已引起无数人思考。这个问题其实可以分为两个部分:股市可以预测吗?假如可以预测,可以用机器学习的方法去预测吗?股市的价格变化,事实上就是一个随时间变化的序列。只要把这个函数写出来就可以预测股价了。一些微小的因素也可以通过系统无限地放大,最后给股市造成巨大的影响。

16123055

今天的人工智能讲座主要围绕股市展开,如今的人工智能在股市方面应用广泛。它可以通过互联网抓取海量数据,诸如财经新闻、股票交流群、分析师报告等信息来源,提取关键字,通过特定标准,判断市场对股票的舆论情绪偏向,进而判断股价的下一步走势。这一策略关键在于利用机器的高速运算能力，先于普通投资者获知特定信息，继而通过交易获利。股市是市场，它有千万种影响因素，任何小的因素都有可能引发“蝴蝶效应”。

17120007

股市变幻莫测，属于不确定性领域，现今人工智能的发展还不能在非确定性领域有所作为。人工智能拥有人类所无法具备的优点——高效率的计算、更加冷静的情绪。也许现在的人工智能在股市尚不能超过人类，但在经过长足的发展后，人类又能否保住自己的一席之地呢？

17120321

股市行情是一个不确定性的问题，每一天都有成千上万的股民加入股市，他们的行为都是随机不确定的，这也就导致了股票行情的复杂性。但是如果告知机器智能人类在股市中总结出的经验，则可为股民带来很多的便利。然而假如股市中的所有操盘者都是具有相同算法的机器智能的话，结果也充满了诸多变数，这样一来，想用机器智能永久获益的念头则可以打消了。

17120470

就当前人工智能的发展水平，在市场经济这种不确定领域还不能胜任。尽管它有大数据储存计算等优势，也能建立算法来进行预测，但是股市、企业的运作者都是人，而人工智能不能像人一样思考，对此缺乏感性的判断，就存在盲区。

17120868

影像医学中的数据或是其他图片数据，都是一成不变的，而股市则不一样，它由于人类活动而与人类有关，随人类而动，具有更大的不确定性。股票分析师根据以往的经验和对目标股的判断，才可以分析股票。人工智能综合了数据，它只会从数据推测数据，无法根据市场调整。因此，人工智能也可以像在医学中的应用一样在股市中被应用，但是要注意，它依然是辅助手段。

17120983

本节课内容非常有趣。作为经管类学生，我早在秋季学期一开始就不断地关注股票和 AI，看到纽约 AI 超越交易员时我会有一种冒冷汗的感觉。秋季学期选修了管理学院周老师的“解读金融数据”后，更加体会到 AI 在股票交易上的天然优势，即股票交易的适宜时间是可以被市盈率、市销率等数据来量化的，既然可以量化，就可以最大盈利为目标。那么 AI 就很容易来操作买卖,也很自然地能跑赢人类和大盘。就像我们经常说棋手擅长做股票,就是因为他们懂得适应手,懂得不能贪胜。他们的思维判断在围棋的训练下超越了一般人,那么 AI 自然可以驾驭。同样,AI 唯一的问题是缺乏创造性。或许 AI 可以超过大多数交易员,可它依旧超不过索罗斯、格雷厄姆和巴菲特……这不是 AI 性能决定的,它的设计决定了它们不可能超越程序之外,那么所谓高风险高回报也就无从谈起,更不用说“做空一个国家”这种高难度操作了。

17121058

人工智能虽然说在基础条件上比我们人类强太多,但是对于变幻莫测的股市来说人类的逻辑推理可能会更加重要。现阶段,人类和人工智能合作是最好的选择。

17121153

很喜欢这次课堂形式的变化。多位教授学者一起围绕一个问题展开对话,很有趣,也让我们很受益。

17121370

在之前的各个领域,人类与 AI 对比,我都认为人类更胜一筹。但这次,我要为 AI 投一票。在股票市场这个随机性非常高的领域,人类的优势——感性认知反而会阻碍人们对股票涨跌的正确判断。人们总是喜欢趋向好的一面,以股票来说,人们更喜欢投资看涨的股票,而不是前景较差的股票,只有极少数人才能摆脱这种固定思维。而人工智能不同,它是根据大量的数据对比分析,再加上行情状态进行投资。虽然不能说是百分百的正确投资,但错误率还是相对较小的。

17121591

虽然人工智能在确定性领域有着很大的先进性,但是人类的思维方式使我们可以处理可计算的问题和不可计算的问题。随着科技发展,很多原先认为不可计算的问题,现在也许都可以转化成可计算的问题了。无论是计划经济还是市场经济,它都有可能产生巨大的影响力。

17121594

股市变化莫测,是经济发展状况的晴雨表。现在人工智能已被大量运用于金融领域,但我认为人工智能暂且还无法代替人类,因为股市具有很强的不确定性。人工智能在一些确定性领域具有人类不可比拟的计算优势,甚至在小小的数据变化上能够迅速做出反应,得出更完美更高效的解决方案,但股市不仅仅是数据处理之间的较量,更多的是心理上的博弈。面对如此庞杂纷繁的股市，人工智能很难做得比人类更好。但人工智能的发展仍然值得我们期待。

17121596

这堂课老师从股票切入讲了人工智能在股市领域的应用。计算机的计算能力强，数据处理快，可以在短时间内进行大量的交易，这是人类很难实现的。不加监管的由少数人使用人工智能技术，股市两极分化将会更为严重，也可能会带来很多社会问题。

17121608

股市有着很大的不确定性，变量每时每刻都在发生着改变，这本身对算法的设计提出了很高的要求。但我对人工智能在股票的涨跌预测上依旧持有乐观态度。与人类相比，机器确实有着计算更周全和考虑更仔细的优点，或许在不久的将来，我们就可以研发出炒股的机器人。

17121616

人工智能进入股市操作，首先人工智能的大数据以及计算优势是不言而喻的，没有人能在这两项上与之抗衡。但是人工智能控制了足够资本后在操作股市时又会发生全新的改变，原本个体散户的非理性投资转向理性化，股票市场的无序性也会在人工智能大量介入后趋于稳定。这样有利于市场的稳定健康，也使得股票市场的投机性投资大大减弱。股市收益变得和公司收益有着直接关系，对于中小型企业股市本身的融资效应会被减弱。

17121687

在确定性领域，人工智能做得比人类更出色，通过精确的数据和合适的算法，人工智能能更高效地得到"准确结果"并为下一步的行为做出参考。著名的西蒙斯教授就通过人工智能获得了巨额的财富，LTCM也是依托人工智能进行资金的管理，在运行过程中获得了可观的收益。但人工智能也有算错的时候，例如突然的金融危机来临，或是一些不可抗力因素发生时，人工智能就难以通过数据做出正确的评判。LTCM也是因"黑天鹅"事件加了60倍杠杆导致破产。股市是经济的晴雨表，算法给出的价格不会比市场价格更合理，如果把人的行为看作算法，那市场就是一个大算法，问题在于人工智能的算法不能囊括市场上所有的可能情况。人工智能在非确定性领域的不足之处，如果未来能把不确定性领域的事相对量化，兰格提出的电子计算机乌托邦或许能在一定基础上实现。

17121706

一直以来我都觉得，只要是有人的地方，便充满了大量的不确定性。股市，或者说商业，其中人主导的因素太多太多，一条政策，一次贸易战，都可能使先前的计算结果完全崩溃，这一方面人工智能未必就能比人类做得更好。在某种程度上，股市可以是确定性系统，固定的现象可以导向固定的结果；股市也是非确定的，因为太多未知的事情可能发生。股市因为人的存在而非确定，人类不是完全理性生物，经常会因为种种因素采用非最优解来解决问题，这又给了人工智能巨大的挑战。

17121714

这堂课“醉翁之意不在酒”。老师讨论的问题并不在于让我们懂得股市的操作，而是关于确定性与非确定性的讨论。人工智能在确定性领域非常强大，但股市毕竟不是完全确定的，可能会受到多方影响。影响股市走向的，不仅有众多散户，还有一些非常规操作，仅凭大量的数学运算并不一定能得到答案。

17121949

顾老师说，道理和学术问题在庸俗化之后比较容易被记住。今天让我印象最深刻的是顾老师的两个比喻，或者说类比。股票的买卖实际上是整个社会对生产资源的配置，通俗地讲就是人们把自己的资金投资给企业使用，帮助企业发展后自己也获利的过程。张老师的话打开了我的思维，如果市场中人的所有理性的思维和部分非理性的因素都可以被计算的话，那么每个人都是一段复杂的算法，如果是这样的话整个市场本身已经是一个超级智能。顾老师用蚂蚁比喻人类的集体智慧，我认为非常合适，这体现了市场事后调整规划的特点。如果人工智能要取代人类的集体智慧的话，我想它必须了解与人类相关的一切，甚至包括一些人类自己也不清楚的事情，那太困难了。

17121968

听完课之后，我觉得今天题目所提出的问题有些超前了。股市是经济的晴雨表，它的变动是根据市场经济的变动而发生浮动的，也与人们的投机心理有一定关系。从长期来看，股市可以是一个确定性领域，但短期来看，股市是一个不确定性领域。在我看来，人工智能不会对股市行情产生大的风暴，只会是股市投资和风险规避的另一种技术手段。四位老师对计划经济和市场经济的讲解，顾骏老师以大河小河的辩证思维关系解释了计划经济与市场经济的关系，启发我深入思考。

17122058

我认为,人工智能很难在股市有超过人类的大作为,原因有二:一是股市属于不确定性领域,经济的发展往往不是单纯地看经济因素,而是涉及其他的多方面因素,例如,此次中美贸易战就不符合经济规律,综合起来考虑人工智能在股市预测方面还有很多的不足。二是人工智能用于预测股市的方法,人类只要借助一些工具也能做到。

17122060

听了四位不同风格的老师关于人工智能在金融和股票方面的看法,感觉受益匪浅,启迪了我对未来人类社会发展的深思。机器智能不会情绪化,可以根据用户的风险偏好结合算法模型定制个性化的资产配置方案,让用户在可以承受的风险范围内实现收益最大化。但是人工智能炒股有时候也会出问题,智能投资顾问可提供一些基本面的分析,但市场存在一些不可控的因素,完全交由机器智能操作并不靠谱。市场最怕的就是"黑天鹅",因为每一次"黑天鹅"都是超预期的,当遇到情绪的释放,机器智能理性的分析不一定能战胜感性的判断。这就是有关机器的确定性和人类的不确定性最好的体现。机器智能的行为往往是程序事先确定的,而人类的行为往往具有很大的随机性,但是很大数量的集体行为又会表现出一定的规律性,就像顾老师所说的单个蚂蚁没有什么大的智能,但是蚁群却具有集体智慧一样。因此,人工智能在金融和股票方面的应用仍在发展中,有待时间检验其效果。

17122109

股市有风险,难以预测。股票永远是概率性问题。人类的智慧经验并不能通过机器凭着函数简单地解出。股市并不如我们想象的那么简单。人工智能进入股市意味着一个时代的到来。

17122203

金融业与我们的生活关系最为密切,小到吃饭穿衣,大到出国旅游,都离不开金融服务。炒股也是我们参与金融活动的一种形式。然而,我们在炒股时,会受到各种因素的影响,亏了总希望赚回来,赚了总希望多赚点。正因为这样的不确定因素,才会有"十个炒股两个赚,一个平,七个亏"的讲法。而正是这样的不确定性,高风险、高回报才吸引了大批股民。而人工智能相对来说更为理智。你给它一个算法,它就会严格执行,亏了就抛,赚了也抛。这也使得人工智能在确定性因素上比人类更胜一筹。人工智能的飞速发展,一次次打破人类固有的自豪,从围棋到诗歌,它总是在这样或那样的领域给我们“惊喜”。相信用不了多少时间,人工智能也会被应用于炒股,乃至于用于“计划经济”的建设。人工智能会改变我们现有的经济思维模式!

17122306

在这充满不确定性的经济市场,每天产品的价格甚至都因各种理性、感性因素而变化,此非机器光凭大数据可统计的。期待在未来,人工智能能与人类合作共赢,提供最精准的统计结果,模拟估算,帮助人们在充满风险的市场中前行。

17122466

人工智能在算法方面确实相较于人类强大许多,如麻将一样,一个麻将老手与菜鸟对垒,菜鸟也有可能赢过老手。麻将与股票一样,存在着很大的不确定性,也就是运气。即使算法再强大,技术再娴熟,也有可能在最后一刻功亏一篑。所以说人工智能的存在,应成为人类在股市之中的一个帮手,而不是独当一面。

17122503

机器智能再强大也只是个体,也局限于已知的事物。对于未知的事物,人类群体的智慧更具胜算,每个人都有不同的想法,所有不同的想法合起来才构成了丰富多彩的人类世界。机器或许可以在确定性领域内超越我们,但在非确定性领域人类还是独领风骚。

17122513

我最大的感受是在确定性领域,机器智能拥有远远超过人类的运算、记忆、存储等能力;但同时,人类在不确定领域拥有优势,机器无法进行想象,对于未知的领域,对于每个个体相互作用,相互影响的“大算法”,机器就很难得到唯一确定的计算结果了。而这正是这个丰富多彩、充满未知的世界吸引我的地方。

17122585

我对股票不是特别了解,但是一直都觉得股票挺有趣的,里面有很多东西,牵扯到很多知识。“股市作为人类的价格发现机制,会被算法取代吗?”股票是由多方面因素决定的,还有很多不确定的领域,是只有人类的思考判断,才能决定的。股市方面,人工智能是不可能完全取代人类的,因为股市涵盖的方面不是单靠算法能解决的,还有许多其他诸如运气和直觉类的东西。

17122634

本节课采取了非常新颖的授课模式:四位老师围坐在一起探讨问

题，带给我们更多的头脑风暴和更大的启发。他们主要讨论：股市会被算法取代吗？市场调节会被机器智能取代吗？人工智能下的计划经济可能吗？机器智能下人类群体性智慧是否会被颠覆？听完老师们的讨论，我认为，像股市与市场调节这样由人的判断和选择运作的机制，主观性非常强，暂时不会被人工智能、算法等“固定模式”取代——如果取代，那将需要极大的计算量，且结果不一定会比现在的调节机制更好。

17123117

人工智能在股市中有其发挥的空间，但它难以成为“摇钱树”。我们知道现在在各大机构当中，金融分析师都会运用大数据。对大数据和各路信息的反馈与分析，人们可以对于股市的走向做出一定的预测，但是也常常不准确。人工智能的判断相信会比人类准确得多。股市中，一切的交易都是投机行为，它没有规律可循，充满了不确定性。人工智能固然可以分析出资金的走向，却难以判断资金流动的时机。正如海水的潮起潮落，人工智能能够预测出一定会有涨潮和落潮，可关键是何时涨潮，又何时落潮？潮起潮落的把握，是股市制胜的重要原因。而这基于更多的信息需求，也往往是市场的秘密。人工智能终究离不开算法，我们也不能简单地把人类智能看作算法。

17123119

今晚，新型访谈形式上课，我直观地看见几位教授之间思维的碰撞。股票终究还是属于非确定性领域的，人工智能目前来说擅长的还是确定性领域。人工智能暂时还不能依靠大量的计算去猜测股票所蕴含的大量不确定因素。推理和判别，人类更胜一筹。

17123688

通过算法确实能够在一定时期内获得红利，但其实 AI 炒股并不会在本质上改变股市有盈有亏。大数据和算法可能可以帮助我们盈得稳，但绝对不能帮我们稳赚不赔，因为大盘总要保持着动态平衡。经济环境和股市环境是千变万化的，就算 AI 可以提取所有有效的大数据，进行精密运算，也不能百分之百地预测股市的走向。它只能做到短期或中短期的稳定收入，而长期一定会遭遇亏损，且大小不等。

17123980

今天的课堂上讨论了人工智能在股市，也就是经济领域上的问题。人工智能在股市上的优势等，背后隐藏着人工智能处理非确定性问题的可能性。人工智能对计算、处理数据非常强大，但是它能否计算出人的行为、人的感性?张新鹏老师说市场可以用算法计算,也无法用算法计算,我认为这体现出我们人类对自身的探索还远远不够。我们尽力去理解万物,但对自身知之甚少,我想到了"我是谁""我来自哪里"的问题了。市场归根到底是由人构成的,单靠人工智能去处理不切实际,不确定的因素是人造成的,人工智能没法预测出这些情况。比方说某国议会投票决定是否发动战争,人工智能预测不到投票结果,也预测不到是否会发动战争,更加预测不到战争所带来的市场波动,人工智能对市场的算法瞬间崩溃。人工智能若能帮助人们更全面地看待问题,人类也帮助人工智能做出调整,最终我们会达到人类与人工智能和谐相处的境界。

17124015

这一节课老师首先介绍了股市是风险共担的产物。人类通过了解一只股票的历史曲线以及这只股票背后的优劣来预测未来的涨跌,从而赚取差价。人工智能在通过学习了股票的操作后,会得出股票的普遍规律,它会严格遵从这个规律来操作股票,不会因为外界的因素而被影响,所以它会使股市的风险最小化。而人们会被一些变动影响,从而做出错误的判断。对于宏观经济的把握,机器比人类更强大。

七、智能与机器：约会还是结婚？

时间：2018年5月7日晚6点
地点：上海大学宝山校区J102
教师：杨　扬（上海大学机电工程与自动化学院教师、无人艇研究院副研究员，青年东方学者）
骆祥峰（上海大学计算机工程与科学学院研究员）
顾　骏（上海大学社会学院教授）

教　师　说

内容：传感器和非结构性数据

全面介绍人工智能和机器人的各自发展进程、两者在历史上三次交互的结果和未来结合的可能性，通过关于自动机器人的工作原理和技术特点的讨论，引出机器取代人类劳动的前景和可能方向，介绍智能在机器人动作中的作用、传感器、采集非结构性数据、机器深度学习，以及思维与动作的关联等。

学　生　说

14120880

看着工厂中形形色色的工业机器人，对于体力劳动容易被取代还是脑力劳动容易被取代这个问题，我毫不犹豫地选择了体力劳动。但老师举出的大量例子表明，机器人想要模仿人类的动作其实是非常困难的事情。问题的关键不在于这项动作是体力的还是脑力的，关键在于我们人类是否真正弄明白了这项动作产生的原理和方法。有时我们认为复杂的工作，对机器来说很简单，但对于我们很简单的动作，如果不清楚机理，也就无法让机器取代了。

14120976

在人工智能浪潮中，机器人是一个非常重要的领域。人工智能的落地像自动驾驶和无人机等领域，都是属于机器人的范畴。在未来，机器人将越来越多地融入我们的生活中，进一步把我们从重复性的、意义不大的活动中解放出来，让我们有更大的空间去做那些有意义的事情。就在这次课结束后，波士顿动力公司又发布了一条视频，视频里的双足机器人已经可以像人类一样奔跑，十分灵活。在人工智能领域，未来永远比我们想象的更早来到，未来必将是一个人与机器共荣共生的时代。

15120571

这堂课老师运用了许多生动有趣的视频活跃气氛，同时也让我们知道了一些仿真机器人的专业知识，了解到了制造出一个能够模拟人类动作的机器人需要考量的问题和克服的困难是很多的。这门课为我们在人工智能的世界辟开了一条入门之路。门后的世界，需要我们自己慢慢摸索。

15120999

越简单的东西越复杂，往往我们觉得轻而易举得来的东西对于我们却是非常重要的。机器人可以计算出很多复杂的东西，在围棋、象棋中可以战胜人类，但是在体力身体方面动作却很僵硬，能稍微表现得像人类一样就已经算是很大的突破了。

15121344

机械智能是否模拟人类并不那么重要，反而可能寻找更适合机械智慧控制的运动结构比较可行；关于不同算法的问题，既然区别了算法，那么说明这种人工智能是有很强功能性和局限性的。人工智能并不能名副其实，而只能是作为工具一样的存在。

15122373

顾老师的总结很到位，体力劳动中那些最简单的难以替代，脑力劳动中那些最难的也难以替代。顾老师看待问题总是一针见血，他的总结或者观点往往能给我很大冲击。

15122722

结婚还是约会？我选结婚。现在的阶段在 Dating，但我认为二者生来就是为彼此，就像定了娃娃亲一样。机器人是一个很好的案例。虽然说现在的人形机器人连一些最基本的动作都难以顺利完成，但这只是时间问题。随着算法越来越优化，机器本身的计算能力越来越强，这个问题总会解决！

15122992

人工智能约会还是结婚？课堂讨论的则是人工智能或者说机器人更容易替代人类的脑力劳动还是体力劳动。我认为这要视情况而定。如果说下棋之类的活动，其实从游戏的出现就已经在开始代替人的脑力劳动，而体力劳动是在机器人、机械手等出现后，逐渐产生人机协作的生产车间。在一些搬运重物等体力劳动上，显然机器更适合，而创造类的脑力劳动，人工智能可能还无法完全替代。这堂课充满欢声笑语，因为杨老师带来的人工智能机器人视频，对人类而言的简单动作，对于机器人而言是一条难以逾越的鸿沟，仅仅是走路下楼梯时人的身体组织的协调作用，看似简单，而机器人却需要各部件的传感器即时反馈并做出反应，而人可以做到这一点是因为有作为控制中心的大脑具有高处理能力。今后，机器人发展到能完美模仿人类的各种行为，约会哪怕是结婚也是有可能的。这堂课让我对于人工智能机器有了更深入的了解，我知道了机器人研究的不易。哪怕是造价再高的机器人，往往还在学习走路。

15123079

杨老师提出一个问题，是脑力劳动还是体力劳动更容易被替代？我认为顾老师的答案很正确，无论是哪种，只要人类自己弄清楚了，就容易让机器取代。毕竟现在的人工智能还只是人类设计出来的，人类自己都没弄清楚，怎么能让机器弄得清楚？

15123098

杨老师的讲授非常风趣，现场气氛很活跃。关于脑力劳动和体力劳动哪个更容易被替代的问题，我觉得本身就很没意义。能不能被替代是要看具体应用，比如计算能力、记忆能力、大数据分析能力，这类脑力工作很容易被计算机替代，而与创造性、推理性、随机性相关的脑力工作就很难被替代，反之亦然，做重复枯燥，没有太多技术含量的体力工作容易替代，而从事特殊工作、精细工作的就不容易替代。我同意人机共融的概念，建议人类与人工智能机器早日桃园结义。

15124764

本节课的内容主要是机器智能在体力劳动方面，以及语音、视觉识别方面的发展和前景。让我印象深刻的是杨扬老师提出的问题，人类的脑力劳动容易被取代还是体力劳动容易被取代？老师提到莫拉维克悖论：人类所独有的高阶智慧能力会更容易地被机器重复，例如推理；但是无意识的技能和直觉却需要极大的运算能力。我同意顾老师的观点，只要是现在算法能实现的，都容易被取代，这个问题本身就缺少条件，脑力劳动和体力劳动的难度在很大程度上不易定义。课堂上，有同学关于“智能狗”和“狗智能”产生了一些争论。其实讨论“智能狗”和“狗智能”的关系和区别，意义不大。我认为人类最好还是不要以自己是否能够理解来为事物下定义。

16120265

未来，不论是体力活还是脑力活都有很大概率被替代。但我们不用去特别担心，就像汽车淘汰了马车夫，但也产生了司机这个职业一样。未来一定也会有更多的机会在等着大家。

16120538

这次课妙趣横生，老师播放了有趣的机器人失败视频。机器人从无法正常直立行走，到可以在雪地上不倒，再到在空中做翻转跳跃，进步非常巨大。对于人类来说，直立行走，空中翻转跳跃，不需要耗费很大力气和精力，但研究者们取得这样“微小”的进步却耗时费力无数。我们在尽力让机器人像人的时候，也就是我们在研究人类，知道人类是怎么拥有这些能力的。这就是对于人类思维和行为做出的进一步探索。对于我们已知的领域，机器人已有了很大的发展，但对于我们不了解的领域，比如我们的情绪，我们的潜意识，我们的情感，都是让机器人像人的巨大阻碍。如果有一天，机器人能够真切地模拟人类，那就说明我们已经对自己有了深度剖析，足够了解自己了。到那个时候，人类文明又会发展成什么样呢？

16120544

课上老师播放的安吉星和妲己的车载语音视频，让我印象很深刻。人工智能对于我们言语的理解不够准确，导致在使用的时候闹了很多笑话。我们不妨大胆地假设一些更加可怕的猜测：假设人工智能曲解我们的意思，做出对人类有毁灭性的事情，我们该如何收拾残局。我们还需要在人工智能对于人类语言的理解方面做出更大努力。

16120656

脑力劳动者和体力劳动者谁更容易被替代？我觉得这不是一个好问题。是否被替代不是取决于脑力劳动还是体力劳动，而是这项工作是简单重复的，还是需要创造变通的。人工智能的发展现在还处于一个瓶颈期，人类不会的东西人工智能一定不会，因为现在的人工智能都是人类手动设置的，其本身并没有创造力。我们将长期处于人工智能发展的初级阶段，当人工智能可以有创造力变通性的时候，人类社会就会有翻天覆地的变化。智能是机器的一种高级表现形式，复杂的智能也是要由一个个机器零件来组成的。所以机器和智能本来就是一家子。

16120700

电脑可以自下而上地学习成长，并非从顶层规则开始学习。人脑就是这种灵活、自动化智能的最佳范本。如果可以用电子的形式来模拟大脑神经网络的结构，那么在理论上，机器就可以像我们一样学习。而脑力劳动和体力劳动，都是相对的，当规则简单化时，很有可能人工智能将会替代人类。

16120927

“人类所独有的高阶智慧能力会更容易地被机器重复，例如推理；但是无意识的技能和直觉却需要极大的运算能力。”这是出乎我们意料的。随着类脑科学的深入研究、人工智能的高度发展，或许某天人工智能会在诸多耗脑领域替代我们。

16120932

人工智能不等于机器人。很多领域都涉及人工智能、机器学习、深度学习，利用这些知识可以让我们在某个领域做出最好的决策。图灵曾说：“人工智能是模仿人的思维和意识。”但机器人目前还在第一步探索，即模仿人的行为。人类的每一个结构都极其复杂，在我们看来微不足道的事情，机器人可能要通过一系列训练还难以达到。强人工智能的未来还需探索。

16121022

顾老师纠正了我们对于人工智能更可能代替脑力劳动还是体力劳动的辩论中的误区，指出：我们两方都是将一个简单的事物与复杂的事物相比较，却没有了解事物的本质：这件事如果人类能够了解，就是人工智能所能取代的。杨老师告诉我们，为何戒指戴在无名指上。我们都知道结婚戒指需要戴在无名指上，却从没有想过原因，也就是说没有了解事物的本质。然而事实是将两手中指相对后其余手指相碰，两个拇指、食指、小指都成功地分开了，唯有无名指分不开。当对事物了解到这种程度的时候，才算是人们了解了本质原因，也就可以被人工智能所替代了。杨老师展示的视频令我印象深刻：AI运用了最先进的人工智能技术，有很多功能，如帮助人们开车、使用手机等。然而，事实却是人工智能不明白方言，也听不懂问题，解决问题的方式也有很多不尽如人意的地方。这就是机器没有感情与思考能力，不能像人类一样思考最优解决方案。而是只能根据程序设定，虽然最终达到目的，期间却会有许多波折，结果不令人满意。

16121066

这次课相当有意思。杨老师展示了宝马全自动生产线、波士顿动力学公司的逆天机器人，机器与智能的惊艳结合让我印象深刻。我不得不佩服计算机科学在机器工业的运用，当然还有令人捧腹大笑的“语音智能”。埋下这个伏笔，下半节课骆老师从计算机科学的角度解释智能与机器。令人吃惊的是，我们还是没有理解，机器与智能，到底是约会还是结婚……我们的课毕竟是要开脑洞，在这个日新月异的机器智能时代，或许没有绝对的定义，只管去想象、去享受智能、去参与学习！

16121163

人工智能的发展必然会带来人类工作被替代，我赞同顾老师的看法，我们已经搞懂的，人工智能必然也可以搞懂；我们没有搞懂的，不管是体力还是脑力，人工智能都没有办法替代。

16121173

杨扬老师向我们抛出了到底是脑力劳动容易被代替还是体力劳动容易被代替的问题。顾老师提醒我们，做比较的时候往往容易鸡同鸭讲，并没有把所要比较的事物放在了同一个层面。我们是将体力劳动的容易和脑力劳动的困难在进行比较，这并不公平。顾老师很犀利地指出，对于人类所熟知的东西做起来就容易，一些未知的就会比较困难。人工智能现在所涉猎的领域都是一些较为确定的内容。骆老师从理论方面为我们剖析了产生机器人动作的原因，并进一步让我们思考了人工智能产生这些动作背后的技术与理由。有趣的音频带给我们欢笑。发展如此迅速的人工智能背后有着技术，它将伴随着我们继续前行，我们应该不断思考、努力前行。

16121320

老师用接地气的讲课方式结合短视频帮大家理解更多的知识，同学们热情度极高,掌声笑声不断。课前有同学提到“文不对题”的问题,不过我认为老师会在选题范围内有自己的发挥,虽然同学们很难做到对点预习,但听课时也有意外的收获。这次两位老师给我们讲的是机器人与人工智能的结合,印象最深刻的是老师问我们是认为体力劳动更容易被替代还是脑力劳动更容易被替代。顾骏老师的总结很有意思,认为脑力劳动易被替代的同学举例总会用脑力难的去和体力简单的去作比,而认为体力劳动易被替代的则会用复杂的体力活动和简单的脑力活动作比,都不够全面。很多的问题最后居然都有点哲学的意思,我觉得十分有趣。

16121410

人工智能和机器之间到底有着怎样的关系?只有一点点交汇然后相互背离还是永久的牵手一路走下去?老师给了我们答案,也给了我们思考的空间。机器在我们刻板的印象里一直是做着机械重复的工作,而人工智能做的都是脑力智慧的工作。未来是这两种结合的天下,我们无法想象两者结合到一起将是怎么样的,但一定是非常强大的。我们对机械工程及其自动化、计算机科学两个学科的交汇充满期待,朝那个目标前进吧。

16121419

在高端机器人产业方面,人工智能同机器人可以说是混为一谈的,但我比较认同骆老师的观点,即两者是不同的智能。人工智能在我看来,是类似于人类大脑的作用,而机器人,则像是人类的身体,当然两者结合才是一个完整的智能人。但是两者负责的部分是不一样的,就好像人体的某些应激反应或者反射是不通过大脑的。机器人领域中由于复杂的环境变化,一些简单的运动实现起来却十分复杂,但是他们同人工智能中的一些复杂的比如模拟情感等一些问题相比,也很难分出谁更困难一些。我认同顾老师的观点,在人类已经搞清楚的领域,人工智能确已近于完美。但是,人体的奥秘无穷,现今生物学和医药学对人的研究还远达不到了解的程度。人工智能的发展在一定程度上也会推动人类对人体的深入研究。

16121459

我很喜欢这节课的教学模式,有很多视频,很直接,也很有吸引力。杨扬老师提出的问题“体力劳动还是脑力劳动更容易被替代”很有意思。人类的一举一动都是思维和肢体的完美结合,要想完全模仿我们的肢体运动不仅需要很好的算法程序,还需要很好的材料和精密的结构。人工智能和机器人技术“结婚”是必然的，强强联手，必然会碰撞出火花，期待人类劳动被替代的一天，这样我们就可以轻松多了。

16121499

一开始我先入为主地认为当然是体力劳动更容易被取代，但是顾老师的解释却给了我一个新的思路。人类最简单的一些体力活动对机器人来说非常困难，算法极其复杂。或许大道至简，一些我们看似非常简单的动作，其实蕴含着丰富的内涵。而这，可能是机器人和人工智能难以替代的。

16121578

“约会还是结婚?”人工智能发展还处在一个瓶颈，人类完全不会的东西人工智能一定不会，现在的人工智能都是人类手动设置的，其本身并没有创造力。我们仅依赖本能就能够做的简单动作，机器人却必须通过一系列复杂算法才能实现。就这个层次而言，不论是约会还是结婚，都是不可能的。但智能的发展从来都是超越人的预测而进步，未来的发展中人也越来越离不开机器。我们会让机器更加类人化，能够管理一定的事物，帮助我们。人与机器只有相互合作，而不是用一方替代一方。这样，未来才会发展得更加美好。

16121678

我惊叹于波士顿动力学公司的机械狗、四足机器人、两足机器人，竟然可以完成一系列复杂的动作，后空翻后竟然也能平稳站立，机器人的发展真的是突飞猛进。老师在课堂中提问，脑力劳动还是体力劳动更容易被替代？答案竟然是脑力劳动。原来像手指的灵活度，穿针引线这些小动作和本能反应，机器人是很难学习和模仿的。

16121693

我认为人工智能始终不能与人类智能相提并论。我们的眼光在于机器的提高，但是我们自己对脑部的研究开发还不够。假如有一天机器真的拥有智能，一定是仿造脑部的构成而非冰冷的芯片。

16121702

机器体现的是运动智能，“智能”体现的是思维。这两者各有所长，不应该拿来比较。就好比拿霍金的思维和詹姆斯的身体做比较，没有意义。机器就好比人的身体，是思维的载体。机器和智能结婚可以让人工智能更加像人，同时智能的发展也可以不需要载体。机器不是智能必须拥有的东西，但是机器可以让智能更加像人。

16121869

莫拉维克悖论指出：人类所独有的高阶智慧能力只需要非常少的计算能力，例如推理，但是无意识的技能和直觉却需要极大的运算能力。当新一代的智慧装置出现，股票分析师等职业都有可能被取代，但是园丁、接待员和厨师至少10年内都不用担心被人工智能所取代。顾骏老师说得挺好：越被人类了解清楚的，越容易被取代。

16121916

近两小时的课堂，爆点、笑点并存，无法用语言形容其精彩！两位老师通过精心准备的多个视频，介绍了人工智能在机器动作中发挥的作用，以及在机器制造方面的应用，让我们了解了目前机械制造领域高度自动化的技术以及智能领域尚未攻克的难题及背后的原因，如机器很难识别人类可以轻松辨别的语音和图像等问题。机器动作是表象，智能是本质，外部环境的不确定性及思维的类型，决定了机器动作的不确定性。机器人要想达到比较出色的水平，首先要解决智能在不确定性领域面临的算法和控制、机器构造和平衡实现。未来的发展趋势是人机共融，既是指优化人与机器人的各自优势，又是指机器人技术与人工智能技术的结合。期待看到这样的“强强联合”。它们会擦出怎样的火花呢？

16122119

我们越想造出模仿生物运动的机器人，就越会陷入对生物运动本身的困惑。人类要后天有意识地锻炼的技能反而比我们不假思索能完成的动作更容易让机器实现。当我们想要机器去进行人类的行为时，就必须要先搞懂人类。所以，倘若我们想制造出一个同人类无异的机器人，我们反而要陷入一个需要搞懂自身的一切的怪圈。这又让我们回到了第一堂课：机器智能应该与人类智能相同吗？我们应该去做另一场媒：人类智能与机器智能。

16122125

机器人想要取得突破性发展，也必须将智能和机器相结合，两者相互协调，共同进步，才有可能创造出更加强悍的人工智能。杨扬老师最后一段话很让我感动。“有很多人问，当人工智能发展到一定程度的时候，人类会不会灭亡。这让我想到大家幻想的《哆啦A梦》的结局，哆啦A梦陪了大雄80年，在大雄临死前，他对哆啦A梦说，我走之后你就回到属于你的地方吧。哆啦A梦同意之后便坐着时光机回到了80年前，并对小时候的大雄说：“大雄你好！我是哆啦A梦。”这是我接触过对人工智能未来最美好的期待，也是最感人、我最认同的观点。是人类创造了机器人，那么机器人的归宿终究还是人类。

16122295

课上老师所放的语音识别视频很有趣。我意识到语音识别是目前以及未来人工智能和机器学习应用的一个重要方向。如今，语音识别在许多行业已产生了大量的应用，在未来，语音识别技术可以从一个单纯的服务工具变成一个服务的“提供者”甚至“伴侣”。但是要语音识别系统从实验室转化为商品，真正实现人机自然的交流还有很多工作要做。例如视频中嘈杂环境的影响、多语言混合和无限词汇识别等都需要改善，识别速度和效率如何提高？如何在连续语音识别中剔除无意义语气词？语音识别技术具有非常广泛的应用领域和非常广阔的市场前景，期待实现与机器的无障碍情感对话。

16122339

人工智能与机器人的结合在未来是无疑的。我们现在已经看到了这么多结合的案例，相信以后它们会配合得更好。但机器人能发展到成熟程度有一个先决条件，就是人类要对自己本身有足够的了解。光发展智能而操作不了也就成了所谓“思想上的巨人，行动上的矮子”。

16122429

惊叹于波士顿动力学公司的机械狗、四足机器人、两足机器人，可以完成一系列复杂的动作，竟然还能后空翻。人与机器有各自的优点，人机合作是目前较好的发展之道。

16122547

波士顿动力学公司的机器人让人大开眼界。最令人印象深刻的还是杨扬老师提的那个有关脑力劳动和体力劳动谁会先被机器取代的问题。我不禁感慨，原来我们生活中的一言一行，看似简单，实际却很复杂，而看似复杂无比的人类的思考，却比不上人类某个简单的动作。万事万物都不能仅看表面现象，需要先做好充分准备，了解透彻了再下结论。我们不能去评价一个自己都不了解的事物。

16122810

假若机器智能走进了人的情感，那么有一种可能就是像杨扬老师说的像哆啦A梦那样与人类和谐共处、相互帮助，并不是只有优胜劣汰、你死我活。现在的机器智能正在高速发展，但是要达到哆啦A梦那种水平还有很长的路要走。我相信未来会出现哆啦A梦一代。

16122868

这堂课的标题成功地吸引了我。虽然老师讲的根本不是我所想象的。

16122960

智能与机器只有相互结合、相互协作才能更充分地发挥彼此长处。我们从课堂上看到 Boston Dynamics 的机器人后空翻、开门、叠衣服，开门这样对于人类简单的动作机器人却很难实现。若是有深度学习的加持，或许这样的工作就会变得简单。体力劳动还是脑力劳动更容易被替代？顾老师给出了合理的解释，确定性的比不确定性的更容易被替代。骆老师指出了机器学习的核心是给它奖励机制。机器与智能相互结合，就变成了智能机器人，可以更好地为人类服务，如救灾等。只有具备智能的机器人处理人类给他们的任务时才更有效率。

17120006

无人艇研究院杨扬老师上课极具趣味性，在乐趣中欢笑中我们看到了人工智能的产生、发展。人类所了解的都将会被人工智能代替，而人类未知的不会被代替。这也体现了人工智能所拥有的是人类智慧，而不是机器智能。机器并不能独立思考，人工智能每一步的发展都是人类智能的结晶。

17120007

课堂非常活跃有趣味！关于机器与人工智能约会还是结婚的问题，我认为两者目前都处于成长阶段，就好像青梅竹马随着时间的流逝日趋成熟，就好像一对青年男女谈恋爱，伴随着一次次的约会，互相磨合，逐渐地结合在一起。最后，当双方各自的发展都达到比较好的阶段，磨合得非常好，它们才会结婚。我认为机器与人工智能结婚只是早晚的事。

17120025

从运动学的角度来看待课堂上提出的“人工智能更容易替代体力劳动还是脑力劳动？”，我认为体力劳动是更难被替代的。球类运动具有极强的不确定性，每一个动作都需要极高的精度和极强的随机应变能力。无论如何，目前机器人的效应器无法达到人体部位的精度要求。我们无法看到赏心悦目的高强度机器人乒乓球比赛。机器人能否以自己的方式解决这种问题，或许在日后可以实现。

17120321

从事机械自动化研究的杨老师给我们带来了很多当今先进机器人的

知识，也告诉我们，对于机器人来说体力方面并非轻松，反而十分困难。其原因就是体力方面也涉及很多非确定性领域的问题。正当我吃惊于波士顿动力公司的机器人时，其背后的奥秘引发了我的思考，深度学习能运用于机器人身上吗，类似于 Alpha Zero 的自我学习能运用于这种更现实的控制程序吗？在我看来机器人与人工智能的结合未来一片光明，两者定能给对方在各自领域带来新的突破。

17120339

对于未来人工智能与机器人合作之事，我持乐观态度。人工智能与机器人，一个提供软件支持，一个提供硬件支持。当两者都发展到极限时，便能搭建出拥有超越人类智能的类人机械。但这样的机械是否已经是新的物种，是否拥有自己的权利，在我看来则成为一个哲学问题了。

17120470

“智能与机器：约会还是结婚？”我觉得智能与机器的关系就像灵魂和人，但也不能以“有多像人”为标准来评判。在课堂上我们看到，许多科研机构都在制作行为举止与人类似的机器人，比如行走、跳跃、搬箱子，成果斐然，但花销也颇大。人类的构造并不能最大限度地发挥它们的长处，智能与机器的结合并不能止步于“有多像人”，为了让它们模仿人而模仿人，会局限机器智能的潜能。

17120491

不论是脑力活还是体力活，都有人工智能能与不能的地方。思考也是脑力活，但夹杂着复杂感情的思考对于人工智能来说不是一件容易的事情，搬运东西是体力活，人工智能是完全可以胜任的。视频中的机器人给我留下了很深刻的印象。我之前从未想到过机器人可以达到人类的运动与平衡能力。这些视频让我对机器人和人工智能的合作有了全新的认知与期待。

17120983

哈萨比斯无数次强调，AI 所能替代的，不过是一些有明确规则、有标准胜负的东西。很多人类的功能它依旧取代不了。这不知是一种庆幸，还是遗憾。

17121072

人工智能与机器的结合可以说是如鱼得水。但我认为机器人其实并没有必要刻意仿生，一些人类的动作行为对于机器人根本没有任何意义。人类更应该利用现阶段机器人的计算能力和大数据等技术，使其成为人类的智囊。

17121534

无论是脑力劳动还是体力劳动，哪一个更容易被人工智能替代，这个问题欠缺前提，需要给两种劳动加个修饰语，再来评判。

17121591

杨扬老师的提问给我留下了深刻印象，颠覆了我的传统认知，让我明白了孰是孰非。我们只是用不同的标准去定义。如老师所言，人类清楚明白的事情容易依托于机器人去完成。那些未知，我们依旧要去探寻。

17121596

我认为单单以体力劳动和脑力劳动区分是不科学的。一个问题的解是确定的还是不确定的，我觉得并没有绝对的分界，我们现在认为解是不确定的，比如说艺术创作、新定律的发现，可能只是因为解空间的维度很高，或者限制条件很多且又互相联系，以至于还没找到其中内在的联系，可以形象地比作一个有很多个参数的方程。

17121616

人工智能可以下赢围棋却可能对一扇门束手无策，机器人作为代工工具，其智能化的确有助于生产力的快速提高，但是将高度智能应用于机器人的必要性有待商榷。我们需要一个能完成复杂精细化加工的机器人，但这些都是流程化的专一行为。到了类似抗震救灾机器人的开发，机器人需要对大量不同的复杂环境进行识别及处理，这时候就要求其高度的智能。在我看来，一方面我们不应当对人类自我智能恃才自傲；另一方面无论人工智能还是机器人终归是人类认知世界的工具，我们需要的并非机械创生。

17121684

研究人工智能的同时应该是我们对这个宇宙的探索。人工智能可能会成为我们理解自身对信息处理方式的一个展现。

17121714

这堂课的主题是人工智能与机器人的“联姻”。这两个领域各有优缺点，机器人作为仿生学的产物，本质上是作为在某些特定环境下人类的替代品，所以，在一些机械的、重复度高的工作中，足以代替人类。但在一些突发事件的处理上，则远远达不到要求。而人工智能也许可以解决这个问题。如果人工智能可以充当机器人的灵魂，使其成为另一种生命，这可能是两个领域的终极追求。这两个领域都是人类在探索自身奥秘时所产生和发展的。这两个领域最终应该会“走到一起”！

17121849

我见到了人工智能的另一面，看到了智能机器人研究的每一个小的进展(即便是小到一个推门的动作)背后都有无数的尝试与探索。我看到了人体构造的精妙，了解到生命的奥秘。

17122033

机器人与人工智能的结合是必然的。如果用户发出命令：“去冰箱拿一瓶啤酒。”程序员永远无法提前知道用户的冰箱在哪里，啤酒又在冰箱的哪一格，提前编程固化行为或者让用户遥控都行不通。只有机器人自己具备动态寻找冰箱和啤酒的能力，实时编程规划自己的行动，才能让这个行为变成现实。机器人要实用化，必须具备在各种实时场景中实时编程解决问题的能力。这些是机器人自我意识的基础，也是人工智能的核心。

17122058

近几年，随着深度学习、强化学习等算法的发展，机器对人类智能的模仿和挑战达到了一个新的高度。我们觉得习以为常的事情，对于机器来说却困难重重。例如，机器难以穿针引线、机器人难以保持身体的平衡。要完成这些对人类来说不起眼的事，机器都需要具备复杂的算法、传感器、输出装置等才能实现。

17122306

机器人早已在工业、物流等领域协助人类完成各项工作，但因其不可在变化环境中工作，人们不认为这是人工智能。一家独大的波士顿动力学公司也侧面反映出想要让机器人在人类生活中“自由”活动是有多么困难，其牵涉的物理学和算法知识亦是不为人知的秘密。若想让机器人与人工智能分个高下是不切实际的，不同领域皆有难以突破的核心技术。课上提到智能机器人的开发，如让电子狗开门，他们能否在未来生活中学习智能呢？如骆老师所说可以进行“强化学习”，似乎就目前科技还难以实现。倘若未来真有机器猫的存在，智能机器人亦可能对社会造成负面危害。顾老师所说的“人能弄清的东西，易有机器智能；人弄不清的，也难创造出机器”。我认为这是对于“体力劳动难还是脑力劳动难”问题较为完美的解答。将来，各科技公司或将着眼于研究看似最简单的运动、思维、反应，智能机器人的未来前途无量。

17122327

机器与AI约会还是结婚？个人认为无疑是结婚。AI目前多在算法中，属于软件实现，进入到生活各方面还有一点局限，而机器人作为硬件，进一步发展恰好缺的就是智能——软件与硬件的结合。我认为不一定所有的都要偏执于“人型”机器人，就像 BMW 的生产线搬运安装汽车外壳的机器人一样，我们也叫它机器“人”，但其外表根本看不出哪点像人，但它能够完成需要人去做的任务。

17122503

要评价脑力劳动和体力劳动哪个更容易被取代，确实比较困难。越简单的事物，往往人们越容易把它当成常识，不进行深入探究，而越困难的事物又容易超越人们认知能力，所以在这条无限延长的坐标轴上，找到一个合适的分界点，确实不容易。

17122607

这节课真的非常硬核！以前的课我听到的更多是社会中不同人对人工智能的看法，学到的更多是人工智能在各职业中的运用方法。但背后折射出的核心内容都是同样的——人工智能只能解决有穷问题，因此不能替代某某职业。即使机器能做得更好，人自己做也有人自己做的价值。归根结底都是和希尔伯特计划不可实现、还有机器没有感情有关。但这节课，我听到的是关于人工智能前所未有的知识。毕竟人工智能模拟人的动作是属于模拟小脑运作的过程，与以往模拟大脑运作的过程不一样。其实我觉得人工智能学动作和人工智能学思想两者的范围不同，前者小于后者。机械进行动作模拟也需要思想运算，可以说其实属于思想运算的一种，是一个更具体的问题。机械智能可以很简单也可以很难，但机械动作不存在简单，但也不会像思维一样无限难上去。

17122898

我最大的疑问就是怎么能够让机器与 AI 完美结合，不会出现短片中总是摔倒的尴尬情况。顾骏老师的一句话“思考问题啊，要全面，不能只看一面”，解决了我的疑惑——同学的回答好像总是缺少了什么。听课到现在，我好像没有把这门课当作一门理工课，反而当成了思想课。

17123117

人工智能和机器人终将会结合，它会完全和人类相似吗？在我看来，人工智能应用在生活的方方面面，而机器人的发展也不该完全参照人类。古人云“人无完人”，人类身上的诸多缺点，生理的弱势，我们也要让人工智能，或是机器人去模仿吗？人工智能和机器人的发展，让人们更清楚地了解自己。在机器人的运动中，人类了解了自己行动的方式；在人工智能的发展中，人类了解了大脑运作的规律。

17121153

杨扬老师授课生动有趣，很多视频让大家兴趣度明显提高，很喜欢这样的课堂。这也是第一次在课堂上直观地感受目前人形机器发展的现状，确实很吃惊。

17123688

人工智能与机器人似乎一开始就是相容相生的。事实上，人类在研究人工智能和机器人时可能都存在相似的问题——以“人”为模型，被锁死在“人”的框架内。人们对于人工智能的脑洞只能停留在对于人类思维和行动的解析和模拟，以“上帝”的姿态像把玩玩具一样地打造着人工智能机器人，这些机器人以模拟人类为宿命却在一些领域始终不能实现突破。这是否已经说明，在现在这个阶段，人工智能的发展不能仅仅受制于对人的模拟，而是应该找到一条属于自己的智能之路，无论是与机械的结合还是与艺术的融合。

17123930

人工智能和机器的结合可以说是必然的。我之前读到过科学家曾想通过人工制造人脑来作为人工智能的载体，但最后以失败告终，我们如今能找的人工智能的载体只有机器。骆老师提出的狗智能与智能狗智能间的区别，二者是截然不同的。首先是智能产生的基础完全不同，一个是碳基生物，一个无机体，退一步说，智能狗的智能还十分初级，虽然它可能已经集结了目前人类所有智慧的结晶，但它所能做到的可能只是一个单细胞生物所能做的，仅能对外界的刺激做出适应性的反应。

17123949

今天，我们学习了机器人先生与人工智能小姐的情与爱，无论两人是恋爱还是结婚，都是两个人结合在一起。在未来，机器人必将离不开人工智能。这个时代是信息时代，是人工智能的时代，机器人从工业时代跨入如今的信息时代必然会跟最与它适合的人工智能结合。对于机器人来说，人工智能是它的大脑，机器是它的身体。两者如今正在热恋，当人工智能和机器完美结合时，人工“智障”这种调侃一定不会存在。

八、机器人之间也有伦理关系吗？

时间：2018 年 5 月 14 日晚 6 点
地点：上海大学宝山校区 J102
教师：谢少荣（上海大学计算机工程与科学学院研究员，国家杰青）
　　　顾　骏（上海大学社会学院教授）

教　师　说

内容：社会伦理与机器人协同

从无人机器的集群活动和任务完成入手，通过展示机器人之间的合作与协同，引出群体智能和社会伦理概念，重点讨论低智生物、人类社会和多智能体这三种智能形态以及其中包含的不同层次的社会伦理，分析无人机器集群活动中的伦理规则及其对纯粹理性条件下“囚徒困境”的突破，提出多智能时代人与智能机器的相处之道。

学　生　说

14120804

今晚，谢老师从动物的群体智能谈起，如蚂蚁过河，企鹅取暖等，说明了群体智能在动物世界起到非常重要的作用。“囚徒困境”的例子表明，由于人类是“高等动物”，会为自身的利益考虑，但在群体智能方面的表现却不如动物。随着人工智能的发展，机器会在群体智能方面表现越来越佳，未来机器间的伦理体系值得期待。

14120880

社会是需要规则的,犹如在人类社会中,法律对人类行为的约束以及既定的道德规范对人类行为的指引。在机器人的世界里,也有着“机器人三定律”等“法规”。有了这些约束,科幻小说家阿西莫夫笔下的机器人不再是“欺师灭祖”“犯上作乱”的反面角色,而是人类忠实的奴仆和朋友。那个时代,有不会造成拥堵的无人驾驶汽车、在家可享受的未来医疗、与人类实时互动的智能家居、沉浸式体验的历史事件甚至是与人工智能的爱情。人工智能——这个除了人以外最像人的东西,其实是我们心理投射中一个再好不过的客体。

14120976

可以预见的是,随着机器智能的不断发展,拥有自我意识的机器人一定会出现,所以关于群体智能以及伦理关系的问题就显得尤为重要。从目前来看,自动驾驶是距离我们最近的涉及伦理问题的领域。这必将对我们整个社会现有的道德伦理框架产生前所未有的影响。我们只有用开放心态与智能思维去思考和改变,才能更好地处理未来智能与智能,以及智能与人类的关系。

15120571

这堂课所讨论的伦理问题,让我们看到了人工智能发展的另一个方向。单一的人工智能一次次更新迭代,而群体智慧相较而言还处于混沌状态。从大自然中撷取的智慧能否成为人工智能群体协作的范式?在市场中,我们从最早的完全理性人假设,到更贴近现实的有限理性人假设,是因为个体之间存在利益对抗。如果人工智能完全摒弃自我层面的博弈,就能达到更高效的运转机制,这非常值得期待。

15120999

遵循简单规则的简单生物以群体形式出现时,可以表现出惊人的复杂性和高效率,甚至是创造力,这就是群体智能的强大。正如老师上课所说,独自前行走得很快,结伴同行走得更远。假如人类是蚂蚁,群体智能也许就是真正创造人工智能的关键。

15121344

从人类社会的规则本质来说,伦理本就是一种设定好的程序范围,如果真按图灵所说每个人都犹如一段复杂而精密的程序,那么伦理观也就是其中的一部分。对应来说,人工智能的伦理观和人类对自己的限制其实非常类似,只是具体的实施细则有所不同甚至大相径庭,但是其设立的出发点和作用应该相同，做到系统与系统之间、程序与程序之间的磨合和共存需要必要的妥协。

15122992

由蚁群和蜂群乃至于大雁飞行这些动物行为，可以引申出算法。单只蚂蚁是低智生物，但是一群蚂蚁能够筑出结构复杂的蚁巢，一群蜜蜂能筑出正六边形的蜂巢，这就是协同工作的结果。机器间的协同工作一样可以完成壮举，那 1 000 多架无人机的空中排列表演就是通过协同工作互相配合完成的。放眼未来，机器人间的协同工作会得到更多运用，其中的伦理问题也要更加关注。我希望以后能看到真正强大的机器协同工作。

15123079

伦理是什么，一是事物的条理，二是人伦道德之理。计算机能够模拟出的只有分析事物的条理，人伦道德之理则需要复杂的社会环境。伦理困境如果单用数字的形式进行计算会出现死锁的现象。我认为机器只能实现其中一部分伦理，社会人伦问题是人类作为动物的特性，不能被轻易模拟。

15123098

我一向关心伦理问题。机器人具备真正的智能就会越来越像人，那最后会不会变成人甚至超越人？人工智能到底是会为人类发展带来便捷还是一个潘多拉魔盒？现今，机器人还完全在人类的控制中，几十年或几百年后，人类和机器人的伦理问题会成为一个重大问题。在人工智能的发展中，人类也要有足够的前瞻性，避免今后可能出现的诸多问题。

15124764

谢老师的课程让我印象最深的是西安无人机编队在表演中左侧编队出现的问题。我认为，这在一定程度上反映了机器在工作和群体协作中存在问题，比如受到环境、机器精确度的影响，等等。这更多的是技术层面上的问题，也在一定程度上反映了机器伦理之间存在的难题。至少在可以预见的未来，机器伦理更多的是由人类来干预甚至是制定的，更多反映的是人类的伦理和想法。顾老师对伦理的解释是“不需要问为什么而要去遵循的原则”。张老师的讲解让我明白机器所谓的伦理关系是由目标函数等算法组成的，这既从侧面反映了所谓机器智能实现的可能性。那么，所谓机器的伦理是不是更多地反映了人类社会对于伦理的认知和想法，蚂蚁、大雁等群体合作之间的伦理关系是不是也是人类情感的投射呢？

16120265

蚂蚁过河、大雁迁徙等例子说明了不论是多小的群体性智慧生物，都存在着伦理。伦理关系使得群体能更好地生存与发展。如今的机器智能里还缺少伦理关系。老师举了美国无人舰模拟实验的例子，说明了伦理关系在机器智能中存在着有用性。

16120538

群体生活是自然界生物在不断进化中而得出的生存之道，不论是蚂蚁抱团，还是大雁迁徙，这其中都包含了集体智慧。我们在成长的过程中，总是强调要顾全大局，学会合作，这是属于我们的集体智慧。之所以我们能够合作，是建立在优缺互补，并且有共同目标的基础上，从而衍生出很多伦理品德，成为评判的标准。对于机器人来说，它们也是各自有擅长领域，它们的合作是建立在人为的输入代码的控制下。伦理概念中包含了人类特性。对于机器人来说，是不是只要能够完成目标，就体现了它们的集体智慧了么？

16120544

现代社会科技发展十分迅猛，机器的诞生、发展到淘汰可能就是几十年的时间。就目前而言，人类可以心安理得地做到淘汰机器和毁灭机器，因为机器没有感受，我们并不会受到道德的谴责。但一旦机器有了情感，有了感受，我们还能这么做吗？前段时间看到一个影片，里面有一个片段是讲到具有高级智能的机器人的诞生，它的制造者给它的定位是工具而不是人，这让它感到失落。然而当它刚刚表现出这种情感时，制造者就立刻决定拆毁它。最后它说了一句话：我不想死，我害怕。如果真到了这一天，我们会不会在回收这些机器人的时候受到伦理道德的谴责呢，会不会就像消灭了生命一样感到痛苦呢?!

16120700

人工智能是否能够牺牲自己，或者说有伦理问题。机器人技术的发展将直接关系人类的命运，现代技术的进步让人类社会置于风险之中。对于机器人伦理问题，要做好智能技术的控制，先控制后制造，在机器人的设计和生产中人类应有所保留。而对于应不应该让机器人拥有意识，也许很多年后人类的观念会有所改变。应当建立合理的机器人伦理标准框架来确定机器人伦理标准的有效范围，框架的形成将会提升标准制定的效率。

16120705

这次课，我想到了如何界定AI的人道主义待遇。随着自主智能机器人越来越强大，它们在人类社会到底应该扮演什么样的角色呢？自主智能机器人到底在法律上作何归属？自然人？法人？动物？物？我们可以虐待、折磨或者杀死机器人吗？欧盟已经在考虑要不要赋予智能机器人“电子人”的法律人格，具有权利义务并对其行为负责。这个问题未来值得更多探讨。此外，越来越多的教育类、护理类、服务类的机器人在看护孩子、老人和病人，这些交互会对人的行为产生什么样的影响？都应该进行深层次的研究。

16120927

机器人之间也有伦理关系吗？纵观自然界，低智能的蚁群、雁群内部的生物个体聚集在一起，互相配合，表现出了令人惊叹的群体智能。这是所谓的伦理关系吗？我认为不是的。它实际是个体间通过信息交流后各自调节以实现利益和效率最大化的体现。机器也应该需要这样的群体智能，比如无人机和无人艇领域，这样可能会达成不可思议的效果，实现1+1>2。

16120976

让我感触最深的是谢老师讲到大雁南飞的时候，V字形的雁队要有一个头雁来承担很多阻力，并产生气流来为整个雁队其他的大雁减少阻力，还有就是它们不会放弃任何一只大雁。我看到了大雁群体的精神。当蚁群遭到自然灾害时会抱团求生，但是一定会有蚂蚁要牺牲，在人类面临“囚徒困境”时也必须做出抉择……人工智能是否存在这样的伦理与群体智能呢？我觉得答案是肯定的。机器人群体执行任务时，一个机器主动“不配合”，可能会导致整个工作失败或系统紊乱。

16121019

我一直为大自然中神奇的群体智能所震撼。为什么蚁群总能找到最短路径，为什么蜜蜂能够制造出那么精确的蜂巢，为什么大雁能够如此持久地飞行，在低智生物中群体智能发挥着极其重要的作用。我们听说“三个臭皮匠赛过诸葛亮”，我们还有“一把筷子难折断”的说法，这些都是群体智能的表现。在群体智能中，也存在着伦理关系的推进和约束。蚁群过河需要有牺牲，人也有“孝”字一说，那么对于机器呢？我们从无人机事例可见，右边无人机展示得非常完美，左边无人机表现得杂乱无章，甚至在表演结束后还一一掉落。在机器中，群体关系也是极其重要的，一台机器的失误,会直接影响到一个整体。机器中也隐含着伦理关系。机器要做到的伦理可能不是牺牲,也不是孝,可能是对它们自己而言的责任感。机器间互相牵动,那么一台机器要做到对别的机器负责,对整个结构体负责。随着人工智能的发展,等机器有自我思维的时候,遇到蚁群过河、囚徒问题时,它们是否也会产生别的伦理关系呢?

16121066

科技与伦理一直是大家津津乐道的话题,讨论从未停歇。顾老师说,真正的伦理是不能理性考虑的!当我们探讨人工智能与伦理的时候,我们在讨论什么?谢老师从动物的集群现象出发,给我们展示了群蚁抱团求生、头雁艰辛领飞以及动物世界中许多群体所展现出的“群体智能”。人工智能仅仅是上千架无人机的灯光秀吗?我们直接深入思考群体智能中的伦理基础,抛开理性与科学,发现伦理似乎更像是一种自然选择,能繁衍生息下来的都是具备“伦理意识”的物种,以至于我们不能够对伦理强加辩证。结论就如张老师所说,用程序实现人工智能的伦理意识。科学的发展不能离开伦理支持,这或许是人工智能发展到最后都必须保留的人类的尊严。

16121173

人工智能伦理是指人工智能带来的伦理问题。机器的大量运用,让我们思考以后人的发展会是怎么样的。到底是继续开发机器?还是停下脚步,给我们自己一些生存的空间?今天的“囚徒困境”是一个很有意思的话题,因为人在做出判断的时候会有诸多不确定的因素,例如自身受过的教育、自己的性格、人的利己性等。机器计算会达到简单的利益最大化,但这真的是每个人都想看到的结果吗?其实不然。当我们集体去完成一件事的时候,往往自身利益不一定能得到最大化的结果,但也许成功的概率会比孤军奋战要高得多。顾老师提及,比较要在一个层次上,让我们不要在这个问题上困惑。随着我们遇到的情况不同,我们做出的选择也是不一样的,无关对错。

16121320

谢少荣老师所讲的和我预想的有些不一样。最初以为是像科幻电影中那样,机器人与其制造者之间的伦理关系,以及机器人与人类之间的规则,但是老师的举例首先就从群体智能开始,把我最初以为的只有家庭关系的刻板印象翻了个新。自然界中的群体智能无疑是伟大的,无论是过河时蚂蚁群体的抱团还是大雁迁徙时的帮扶,都让一个个并不突出的个体拥有了非凡的能力。而谢老师作为无人艇研究方面的先锋，也从无人艇的技术发展以及军事布局等角度和我们分享了在演习及战斗中群智的重要性。

16121409

计算机工程与科学学院的谢老师从理科角度讲解，低智生物能创造出如此有智能的东西，让我震惊，这也表明群体智能的优势。课上老师播放的西安多架无人机表演的视频，让我颇有感触，西安无人机表演，是用集群的手段来控制无人机，让每个无人机到达指定位置，完成图形表演，但演出当天由于某一架直升机没有到达指定位置导致了表演出现混乱，这说明了群体合作需要群体智能。将伦理引进人工智能是人工智能发展的大势。任何事物都需要伦理的规范，这样事情发展才会有序，将伦理引进人工智能可以提高人工智能的整体实力。顾老师从社会学的角度讲了什么是伦理。中国伦理的核心是孝，父母生我们养我们，我们理应孝敬父母。伦理的一些道德规范甚至成为我们的本能，比如同类不相食。不同伦理还会产生不同的社会现象……

16121410

人工智能之间是否存在伦理？这节课，我们把人工智能与社会学的知识结合了起来，每个人心中有了答案。我认为，人工智能之间不太可能存在伦理问题。如果说蚂蚁大雁这种低智能的群体都会有社会现象，各种分工合作甚至是道德问题，那么人工智能一定要有吗？我认为，尽量不要用生物的智能来揣摩人工智能。人工智能之间有没有伦理问题，取决于人类对未来人工智能的研发方向以及人类对伦理的定义。方向和定义不同，得到的答案也不一样。

16121419

现在的群体智慧，包括机器人、人工智能的群体中，都存在伦理关系。伦理关系是潜移默化根植于群体深处的权利和义务，就像课上所说的“孝”之于中国社会。对人工智能群体，一开始可能是我们依算法写好的伦理关系，但随着它自己不断发展，是否会将这一关系不断演化，不断深入，直至深入这个群体，成为不变的伦理道德。当然，它可能同人类的伦理并不相同。我认为，一种规则，一种维系一个群体的规章制度，一种联系一个群体的纽带，即为伦理关系。

16121459

单个大雁，火蚁都是低智能的生物，但群体智能却惊人的高，同样单个人的智能虽然很高,但集体的智慧依旧很惊人。在某些情况下,很多人可以为了集体牺牲。反观现在的人工智能,如果我们能够将很多机器高效地结合在一起工作,就可以事半功倍,实现效益的最大化。集体智能涉及伦理问题,谁来领导?谁去牺牲?谁去担责?人工智能现阶段还处于低级阶段,群体活动要靠程序指引。想要实现像智能生物一样的集体合作应该还需要进一步发展单个人工智能体的水平。

16121499

伦理指的是人与人之间相处的各种道德准则。伦理是否也适用于人工智能呢?一个团队,协调合作最重要。蚂蚁是低级智能生物,但是蚂蚁依靠群体智慧和团队关系,能够完成许多不可思议的事情。未来人工智能的发展,一定也会走上群体智能的道路。谢老师介绍的无人艇,以编队形式协同作战。人工智能的核心在于内置算法和外置传感器。随着技术的发展,传感器性能的优化,人工智能将能够更加准确地探知外部情况,同时算法能够提供实时计算。到那时候,人工智能也将发展出自己的伦理体系了。

16121678

作为一个科幻影迷一定不会忘记这个片段:电影《机械姬》的结尾,机器人艾娃产生了自主意识,用刀杀了自己的设计者。假如人工智能产生了像人类一样的情感,那么可以说将会不可避免地产生人类与人工智能之间的爱情。如果我们设想得更加大胆一点,人工智能发展到具有生育能力,我们该怎么处理人与人工智能之间的伦理关系?如果我们把人工智能看成18世纪的黑奴,就是说如果我们认为人与人工智能之间的关系是人占主导地位的"游戏关系",那么相应的伦理标准也就无从谈起。随着人工智能每一次成功地"复制"只有人类才有的行为和能力,人类便不得不对人工智能进行重新定义,也不得不重新定义"人类"的含义。人工智能——这个除了人以外最像人的东西,其实是我们心理投射中一个再好不过的客体。

16121869

顾骏老师对伦理的解释令我印象深刻:伦理,就是无须思考、无须理由的东西。机器人能有集体智慧吗?我认为,机器人之间没有伦理关系,个体自主形成的集体智慧也很难。机器人毕竟不是生物,不像人那样有血缘关系维系。机器人之间无论什么样的关系,都无法达到伦理的层次。张新鹏老师讲到,机器人的集体智慧,一般需要一个主控,这比较容易办到，主控的存在也使机器人间没有伦理关系；而没有主控，使机器人每个个体能够自主，从而形成集体智慧，这就比较困难了，需要一些非常高级的算法。

16121916

群体存在的意义是使群体中每个成员得到利益最大化，实现决策最优化。当群体概念应用于机器智能时，可以起到相同效果：通过智能程序中目标函数的最优解，机器人可以自主进行判别和行为方式规划。但我有疑惑的地方是：假如切断通信后，机器人仍可通过事先设定好的目标函数，协作完成目标，是否意味着个体之间的目标函数设定的最终目的相同，但其承担角色，即相同条件下由激励函数所要求的行为存在着差异？

16122119

蚂蚁组成群表现出精巧智能，这让人觉得不可思议。但如果我们把着眼点放在每一只个体，单一的蚂蚁真的会考虑整个族群的利益吗？蚂蚁在危急时刻的应对，或许只是做出了自身最优选择的应激反应。过河时在外围的蚂蚁，或许并非是心甘情愿到外围，而是只有爬到外围的能力，然而比起落单时绝对的死亡，在外围或许还有一点概率存活，而这样的行为反倒给了里面的蚂蚁以及整个蚂蚁族群生存的可能。就这样，每个单元因为只为自己最优的选择行动，在数目庞大以后就呈现出了一种必然的逻辑性。这就像是亚当·斯密的《道德情操论》。我们再把这些放到人类身上来考虑就不难理解。人类男女在交往时，往往只是考虑自身"爱"的因素，而不会去思考"人类的存亡"，这样的行为却也导致了人类的繁衍。再进一步看，单个的人类也是由无数的细胞组成的，每个细胞也只是单纯各行其职……这样划分下去，最终也能划归到没有意识的个体单元，而我们的智能却能从这样的组合中生成。

16122242

假如以后人类和机器打起仗来，人类可能会打不过机器人。因为人类有时会自私，不肯为集体利益而牺牲自己，而机器人可能会做得好些。

16122295

过去，大量的讨论聚焦在人工智能与人类之间的伦理关系。课上，老师提出人工智能之间是否会存在伦理问题，一方面表示随着技术的增长，人工智能已越来越向人类靠近；另一方面，也让我们担忧若其真的拥有伦理，到底是该喜还是该忧。

16122339

伦理是什么？老师上课给我们介绍了蚂蚁的过河、大雁的迁徙和人类的孝道，等等，还提到了这应该是刻印在基因里的东西，就像人没有孝道就不能称之为人。没有伦理，种族也无法繁衍，大雁会掉落海里，蚂蚁会全军覆没。但是，人工智能有没有伦理呢？遵循怎样的伦理呢？他们为什么要遵循伦理？人工智能没有基因，那他们有所谓的延续吗？拥有硬盘就可以么？如果只是硬盘和代码之类的转移到另一个载体上就算人工智能的延续，那人类岂不是复制思想或者记忆就算具有生命延续了？

16122429

潘云鹤说，群体智能是人工智能 2.0 时代的发展方向，人工智能不再是机器单纯模仿一个人的智能，而是基于互联网连接起很多机器、很多人，成为群体智能。把人的灵活性与机器的精确性结合在一起，在各自擅长的领域发挥作用。的确，群体智慧至关重要，不管是在人类社会中还是在人工智能领域，集体的力量终将大于个人的力量，群体智慧能创造的价值更为显著。

16122431

机器人之间是否也有群体智能呢？答案是肯定的，拿无人机编队飞行为例，1 000 架无人机的协调合作，展示出各种各样图案的行为就是一种群体智能的行为，只不过现阶段他们之间的伦理关系还是以人类为主导的，需要人类编写代码或设定目标函数来约定。随着技术的发展，将来机器人之间的配合会更加默契，他们通过自我感知，自我修订进行自我调整。到那时候，人工智能也会因为伦理关系约束的完善而催生出更加强大的群体智慧。

16122547

谢老师播放的大雁视频真的令人感动，让我们看到了伦理的强大，能让一群并不强大的生物生生不息。老师还谈到了无人艇的相互配合，以及蚂蚁走最短路线等事例，生动形象。而顾老师则提出了是否能用代码来实现机器伦理的问题，并从社会学的角度谈到了机器伦理的可能性。从长远角度来看，机器伦理是日后必然遇见也必须要解决的一个问题，如果解决得不恰当，人机大战或许会成为现实。

16122665

机器人学之父阿西莫夫曾经提出著名的“机器人三原则”，即“机器人不得伤害人类；机器人必须服从人类的命令，除非这条命令与第一条原则相矛盾;机器人必须保护自己,除非这种保护与以上两条原则相矛盾”。很显然,这只是把机器人作为冷冰冰的机器,是人类站在自己的立场上提出来的原则。究竟是谁应该来制定人工智能伦理?应该站在谁的立场上?应该按照什么原则来制定人工智能伦理?第一节课上郭老师讲过未来机器智能和人类智能应该是两种平行智能。当人工智能发展到一定阶段,当它们也能不依靠人类而自己进化的时候,应该让它们遵循自己的伦理。

16122866

无论是动物还是人类,大脑的智慧都是非常发达的,都懂得相互协作。在漫长的进化历程中,为了群体更好地繁衍,种群都有自己的生存智慧。机器人所能完成的任务只是个体的累积,而不是在集体的环境下,他们之间没有合作,只是各司其职而已。更确切地说,机器人之间 1+1 只会等于 2,而人类之间却可以达到 1+1>2 的效果。这必然会是未来人工智能的发展方向,当人类更深入地了解自己的大脑后,机器人将会是人造大脑的一种体现形式,并且具有超高的计算能力与存储能力。

16122986

在一些动物社会里,个体微不足道,群体却充满智慧:没有领导,没有组织者,所有的分工却秩序井然。不论我们是在谈论蚂蚁、蜜蜂、大雁还是驯鹿,群体行为的基本要素——没有指挥中心,只对局部的信息做出反应,遵循简单的经验规则——整合起来导致了应付复杂情况的高明策略。一组像一群鸟一样共同行动的机器人,比起单独的机器人来将具有更多的优势。这样一群分布在大范围的机器人,能够像一个强大的移动传感器网络一样工作,收集外部的情报。如果遇上意外,还会及时调整做出反应,即使这些机器人自身智能化程度并不高。如果成员中的一个出了故障,另外的就会顶替上去。并且最重要的是,集团的控制是无中心的,不依赖于某个领导者。群体智能必将成为新一代人工智能发展的重要方向。

16123055

所谓的“关系”,都是由算法实现的,不是机器人自主决定的。机器人真实的伦理关系是由研发人员来决定的。这种关系更重要的是一种行为准则,包括有益性、不作恶、包容性的设计,还包括多样性、透明性,以及隐私的保护。

16123165

生物为了能够让自己的种族得以延续而甘愿献出自己生命的行为可

以被认为是一种伦理关系。机器人实际上也很容易从程序上实现这一点。人有时会面临伦理困境，机器人如何在自己的目标和伦理相冲突的情况下做出抉择？

17120025

伦理关系是生物与生俱来或约定俗成的关系，这是生物种群之间特有的关系。我认为机器人之间是不会存在“候鸟迁徙谁做头雁；蚂蚁抱团渡过洪水谁做外围”的问题。机器人没有谁离不开谁的问题。人造产物或许可以被赋予程序和算法来达到伦理的效果，但伦理的实体是与生俱来无法复制的。

17120045

谢少荣老师从低智生物、人类社会、多智能体三方面介绍了群体智能。群体智能相对于个体智能而言，有更少的感知限制、更大的作业范围、更强的任务能力。顾骏老师从社会学的角度讲解了群体智慧与伦理的关系，可见伦理的存在对于群体，尤其是人类集体有着不可或缺的作用。伦理的存在使得个体能形成集体、个体利益服从于集体利益，从而产生 1+1>2 的群体智慧。那机器人群体中有伦理关系吗？谢老师认为可以通过程序手段让机器人服从相关指令，但现阶段仍存在许多伦理问题有待进一步研究。我对于集体智慧有了更全面深入的了解，同时也启发了我关于机器人伦理问题的思考，令我受益匪浅。

17120321

本次人工智能课堂再次带来一个新的问题，机器人之间存在伦理关系吗？谢老师从群体智能的角度，以蚂蚁过河、大雁迁徙作为例子，说明即使是再脆弱的生物，在群体之中，能够毅然决然地把群体的利益放在个人利益之前，就是伦理存在的最好证明。集体智能的基石是伦理关系。顾老师的那句“不孝(伦理)还是人吗”震撼到了我。我深刻地体会到了伦理对于一个人的重要性。对于人工智能，如果要作为一个集体协同完成任务的话，也避免不了最基本的伦理问题。

17120338

随着机器学习等的流行，机器变得越来越智能。随着自主智能机器人越来越强大，它们在人类社会中扮演怎样的角色？自主智能机器人有法律约束吗？技术人员不是局限于把技术和产品做出来，而是需要更多地思考他们开发的技术和产品的社会影响。因为技术不是中立的，科技公司在技术研发中做出的选择具有广泛的社会影响力。我认为要解决这些伦理问题,必须要将与人类社会相符的伦理道德观嵌入人工智能算法中,人们要更多地考虑新技术给社会带来的影响,做到有责任心地去创新。

17120491

这堂课上,顾老师对于伦理概念的阐述让我有了全新的了解。之前一直听人提到"伦理",自己偶尔也会用到,但从未从其最根本上的定义来思考。顾老师的解说让我能更好地理解整堂课的内容。提及伦理关系,谢老师向我们展示的是生物群体之间相互配合所呈现的群体智能。为什么能产生这样有效的分配——牺牲与存活,从而达到保留整个群体的生存机会的现象呢?我认为整个蚂蚁群体或是企鹅、大雁群体所倾向的是一种结果高效的牺牲方式,譬如蚂蚁窝掉进了水里,处于水下部分蚂蚁窝内的蚂蚁会牺牲,而不会迁移到水上再让原本就在水上的蚂蚁跑到水下去做出牺牲。这其实看起来是一种原始高效而不带高级智能生物所具有的情感色彩的行为方式。但至于为什么水面上下双方能达成一致,即这样原始的配合方式从根本上来讲是怎样形成的,便不得而知了。当把伦理的概念用在机器人身上时,我认为其实机器人之间是可以有伦理关系的,只不过表现形式与人类不同。

17120983

伦理是什么?课堂上老师们用动物的伦理来举例,蚂蚁过河,大雁南迁。原本的小生命凑在一起拥有了高级的智能。而反观我们人类,却困在"囚徒困境"的逻辑里。我觉得,人工智能和人的智能并不能等同而论,现在的人工智能可能连"意识"都没有,更不要谈"伦理"了。或许,低等智慧生命的伦理,会成为人工智能的一种导向,比如电影里的那些机械警察。但那毕竟是电影。现实生活中我们真的找得到一个贾维斯么?那是遥远未来的未知。

17120994

目前机器其实并不存在自为合作的行为,一切的行为都是由中心处理器决定和控制的个体并不会出现自我的行为,因此没有个体行为,这些机器所组成的整体也只是一个大的个体,并不存在伦理关系。但如果机器人发展到了有伦理关系的时候,社会结构或许需要进一步完善。到那时,顾老师所讲的人工智能社会学,或许真的会是一门很大的学问了。

17121153

关于人工智能之间的伦理问题,之前接触到的都在影视作品里。

当关于人工智能的发展产生出支持与不支持两派时,不支持的一方总会谈到人类伦理的层面。群体机器人会不会存在像人一样的伦理关系,我觉得很难评判。首先,人类社会伦理的产生条件是,人是有思想意识的独立个体,人与人之间不能达到完全交流,但是群体机器的行为似乎还是要靠一个中央的智能系统来控制。它们的一些行为就成了"被动"与"强制性",不像人那样基于某种文化或者是千万年来生存的某种不知准则。

17121534

这节课听老师从动物群体智能的角度讲课,我认为虽然看上去人类没有动物的群体智能,但也没必要去拥有,因为人拥有自己的思想和行为能力,这正是人类的特别之处。机器会适应我们,我们也会适应机器。新的人类在探索中崛起,我们会有新"三观",新的喜怒哀乐。

17121591

人工智能发展到现在主要通过指令来运行相关程序或者操作。未来通过自我学习,存在伦理关系以及群体智能的人工智能,一定会在军事或者其他领域发挥更大作用。

17121612

随着机器人的数量增多。机器人之间的相互配合是一定要解决的问题。而相互配合会涉及如何实现集体利益与个人利益的问题。机器人的伦理关系可以由算法实现,比如说人类可以设置目标函数,让机器人以实现团队利益最大化为目标。可以想象,机器人也会做出一些"伟大"的行为。虽然,它只是一个冷冰冰的机器人。

17121616

阿西莫夫的《银河帝国》中有机器人定律的猜想。谢老师关于集体智能、协调智能的讲课为我们揭示了人工智能集群的工作形态,而顾骏老师则为我们解释了伦理的定义与社会价值。人工智能的集群合作若要面临伦理拷问,我们可以假设问题有一个必然前提,人工智能拥有自发的而非流程的存在。我们把问题分为结论和前提两部分来讨论,首先,人工智能面临伦理问题,即人工智能共同的不可违背的准线。这准线需要涉及人工智能与人工智能,人工智能与人两部分。如同"机器人三原则"既是人类社会的法律,维系秩序,其约束性不容侵犯。其次,就前提而言,人工智能能够产生自发存在,必须要求人工智能对未知域、不确定域有计算能力。这一点有待商榷。

17121900

我第一次认识到机器人之间会存在伦理关系。大自然中的常见现象如蚂蚁抱团、大雁迁徙等都是生物的集体智慧，但机器能否这样做值得思考。大自然经过漫长时间产生如此高级的智慧，这是机器很难用编程等方式创造出来的。机器可以通过群体合作来产生一种新的意义上的伦理关系，能够让整个机器群体保持着利益最大化。

17121968

在没有上这节课之前，我以为伦理关系仅仅是《百年孤独》中的复杂的人物关系，上完课之后，我才知道伦理关系是指一个群体中每个个体的互相联系。无论是低等生物，如蚂蚁、蜜蜂，还是人类社会，都具有一套伦理关系。无人艇、无人机群，它们之间有着一定的伦理关系，尽管这些伦理关系是我们通过算法程序赋予的。但不得不肯定，我们通过理性的算法输入赋予了它们更为理性的伦理关系。我开了一个脑洞，机器人或者说人工智能和人类之间会有伦理关系吗？

17122058

如张老师所言，可以增加一个目标函数，这个目标函数可以是以实现机器个体利益最大化为目标的，也可以实现几个机器人组成的整体的利益最大化为目标。如果是以实现整体为目标，那么机器人就会做出为了集体“自愿”牺牲自己的“伟大”行为。这种行为虽然在结果上与人类“义”的伦理道德很相似。但从根本上看与人类智能截然不同。这种行为只是冷冰冰的算法决定的，不会像人类一样具有很大的不确定性。机器智能虽然也有自己的伦理道德，但与人类有着本质的区别。人类究竟可不可能理解一个与人类智能完全不同的智能伦理？人无法理解狗的情感，人对狗的情感的解读其实都是人类自身情感的投射，未来人类能够理解人工智能的情感和伦理吗？

17122109

要接近尾声了，这堂课我们讨论的是机器智能是否有伦理关系。人工智能在很多方面已经较为出色，但在类似我们生物的伦理问题上，还能这么厉害吗？相互配合解决问题，是我们人类和其他动物能做好事的另一大法宝。机器人再聪明，单个的力量也是无法完成很多重大项目的。而这样的合作不是简单的机械合作，如老师所讲述的蚂蚁、大雁、蜜蜂等的生物，它们有牺牲精神。这都是因为生物有自己的伦理所在。目前的人工智能，通过算法有了所谓的群体智能，但还是不能与我们的生命伦理相提并论。

17122203

这里的“伦理关系”实际上讲的是机器间的“配合”。正如生物之间需要配合,机器也应该需要“配合”。无论是无人艇还是无人机,只有配合才能完成看似不可能的任务。

17122208

如今,几乎所有的生物都存在着伦理问题,无理由的牺牲与奉献就是伦理的最好体现。但是,机器之间只存在着配合。目前机器伦理最多存在于无论结局大家都一起牺牲与奉献,无法做到当一者牺牲之后就可以达成目的,其他机器无须牺牲。这或许就是机械智能目前需要做到的。

17122327

这次课老师从动物界的伦理关系对比讲到了机器人的执行命令原则和机器人间的配合。关于群体智能原则,我认为有几个原则:原则一,以完成此群体既定目标为最高优先级(如无人艇保护目标装置为最高级别任务);原则二,当有威胁到既定目标事件出现时,最优选择或最优的前两个人去处理事件(如选择最快可防御住攻击的个人,保护群体,也保证有剩余力量处理后续);原则三,保证个体继续存活。这三原则不是并列关系,而是一高于二、二高于三的关系。在条件允许时,保证个人存活,选择最优个体去处理事件,并尽一切努力完成既定任务。根据应用领域不同,可视情况加入不可伤害人类的原则。

17122585

群体智能体现在我们周边的方方面面。动物、植物、人类社会,都存在着群体智能。机器人是否也会有群体关系和伦理关系?我觉得即使有,也是人类赋予的,而不是自动产生的,“伦理关系强调义务主导”,如何去引领机器的伦理道德才是关键。

17122893

顾骏老师对伦理的精彩解释:伦理,就是无须思考、无须理由的东西,源自生命的本能。对于人工智能或许它有伦理关系,但也是在人类给它编程的情况下,一个机器人本不具备这些,但若是给它加上这个,那么它所体现出的就是与蚂蚁群过河、大雁南迁一样的令人惊叹的现象,或者比那些要更坚韧。张新鹏老师讲到,一个机器人的集体智慧,一般需要一个主控,这比较容易办到,主控的存在也使机器人间没有伦理关系;而没有主控,要使机器人每个个体能够自主,从而形成集体智慧,这就比较困难了,需要一些非常高级的算法。这是乐观亦是悲观的事情,乐观的是我们可以让机器人更多地拥有人的情感,悲观之处在于我们只能通过算法这样的机械手段实现。伦理应该发自两个生命体间情感的本能共鸣,倘若能做到这一点,才算是真正的智能。如同大雄去世前对哆啦A梦说的,"回到你最初的地方",哆啦A梦打开时光机回到了与大雄最初相遇的地方。这才是真正的情感。

17123949

今天课程首次跳出确定性与非确定性。在人工智能这门课中,我们受到了社会学的教育,加深了对于伦理道德的思考。我们在学习人工智能时不应该全力于对其本身的研究,更应该研究它的社会存在与道德伦理。

九、中国机器人何时成为机器中国人？

时间：2018 年 5 月 21 日晚 6 点
地点：上海大学宝山校区 J102
教师：顾　骏（上海大学社会学院教授）
　　　张新鹏（上海大学通信与信息工程学院教授，国家杰青）
　　　李　明（上海大学机电工程与自动化学院研究员）

教　师　说

内容：人工智能与文化

从仿生机器人入手，介绍中国传统“道法自然”的思想及其在人工智能研发中的体现，展示中国独特的思维方式，提出中西方文化差异对人工智能发展可能带来的影响，并以“机器中国人”的概念，引出中国顿悟式思维方式、道理观、表征运演、象形文字的多重含义等文化元素对逻辑算法、图像识别、自然语言理解等当下人工智能技术带来的挑战，对人工智能未来发展提出文化想象。

学　生　说

14120804

这次课的主题是“中国机器人何时能成为机器中国人？”从字面上看，中国机器人就是中国设计制造的机器人，而机器中国人是指机器人在逻辑上应用了中华传统文化，以中国式思维解决问题。我觉得在机器人上实现中式化是很困难的。中国文化在应用方面不如西方更具操作性。如医学方面,西医的病理研究可以让机器人具备读片能力,而中医的望闻问切和配中药等,机器人学不来。

14120880

这节课老师讲述了如何用中国的智慧来发展人工智能,以及人工智能是否能理解中国的哲学。中国的国学包括易经和中医等很难用人工智能来代替。中国的很多学问都是靠悟性,这个思维方式与计算机科学本身是矛盾的,人工智能很难"悟"出一些感性的东西。但科学发展至今,有些瓶颈也许可以通过中国的智慧来解决,中国智慧有一天会在世界舞台发扬光大。

14120976

令我印象最深刻的是顾骏老师关于自然智慧的讲解,不论是人类智慧还是机器智慧,都是自然智慧的表现形式。这样的观念其实与老子关于"道"的阐述遥相呼应。人类文明发展到现在,站在整个自然最顶端以后我们第一次要面对一个超越人类的智能形式,这无疑是一个非常大的挑战。这个智能未来如何发展,会不会对我们产生威胁,这值得我们认真思考。我们将从什么地方寻找引领机器智能发展的力量。来自东方古代的智慧可能会是一个源泉。

15120999

这节课给我印象很深的是张老师带来了比较少见的纯技术性的知识讲解,初步介绍了一个基本的神经网络与其自主学习能力的搭建过程。他以手写识别系统举例,利用梯度与偏微分等知识,由浅入深地展示了优秀的人工智能是如何自我学习并完善自己的。其实我自己都不是很懂什么叫中国式思维,"悟道"是很多中国人都难以理解的,机器怎么理解?什么时候人工智能可以创造,那么真的算是人工智能了。

15122722

张老师讲课既让我了解了相关专业知识的轮廓,又让我对人工智能有了新的看法。特别敬佩社会学教授顾骏老师的理解和转换能力,能够把专业的、一大串的、甚至不明显逻辑关系的知识,通俗易懂地解释出来。中国机器人变成机器中国人,我不能肯定这可以实现,如果技术可以实现,伦理问题也会成为第一个面临的问题。如果文化可以利用算法得以体现,那么本质上它也是人类文化。

15122989

中华文明历经几千年的发展,沉淀累积了很多优秀灿烂的文化。从人工智能的角度来说,如何很好地理解并融入这种文化是一个大问题。无论是我们古代“道”的智慧还是汉字语言文化的智慧,都是博大精深的。对于人工智能而言,深度学习的机制是它能够不断成长、不断进步的源泉。如果能够让人工智能兼容文化的多样性,无论是西方的文化还是东方的文化,人工智能都可以做到融会贯通,这样带有中国元素、中国文化的机器人就可以称之为机器中国人。

15123098

现状是我们在努力追赶先进国家的脚步,而少有自己的东西。有人这么评价中国的机器人水平:“看得到的东西(硬件)能做得跟国外一样,看不到的东西还差得远(算法)。”中国机器人还不完全是中国机器人,机器中国人就更任重而道远。我们要有自己的核心技术,要有自己的文化底蕴,才能创造出真正的机器中国人。

15124764

顾老师一连串的发问把我带入到了一个个从未思考过的领域。令我印象最为深刻的是顾老师提到的中国传统思维对于人工智能的产生、现状尤其是今后的发展来说意味着什么。中国文化博大精深。实际上,我们对中国传统的东西了解并不多甚至可以说是知之甚少的。机器中国人,这个融入中国思维和中国文化的人工智能的实现,依赖于具体算法。张老师从更为专业的领域为我们打开一种思路,不仅能够让我们对很多之前提出的看起来天马行空的问题有一个基本的概念和想法,更让我们的脑洞开得更加有理有据。实现机器中国人的设想是可以期待的。李老师介绍了很多中国古代科技,让我感受到中国文化的博大精深,更让我体会到与其猜测中国古典智慧未来在推进人工智能发展的道路中会不会起到作用,更多地应当是确信中国古典智慧和人工智能会相互促进和发展,同时中国古典智慧给人一种妙不可言的感觉。其中的道理或许在未来能够推进人工智能的发展,同时人工智能能够帮我们更好地认识中国文化。

16120265

初看时不太理解今晚的主题,细想后才发现其深意。开头老师讲解了各个国家文化的差异,举了中日韩三国关于扫庭院的文化差异。之后,老师又列举中西方文化积累的差异。西方文化以积累为主,深入浅出,便于传承。而中华文化则注重领悟。关于机器人是否会产生文化差异这一问题,我是持肯定态度的。我认为,随着人工智能拥有理性,拥有情感,这些都会随之而出现。中华文化博大精深,几千年传承下来的文化思想拥有着重大的价值。未来机器人一定会拥有中国人的智慧。

16120538

总的来说我们研发的任何机器人都是中国机器人,如扫地机器人、运货机器人等。中国机器人约束的是它的研发人,只要是中国人就可以了。机器中国人要求的是这个机器人,是中国人。中国人不仅仅是国籍在中国,更重要的是这个人有没有受到中国文化影响,它的思维有没有中国内涵。机器中国人的实现需要很长时间,用代码很难讲清楚我们的文化。文化是时间的积累形成的,每一段时间都有发展和改变,可能几千几万行的代码只能说清楚一小部分。对于任何历史时期的事件,每一个人都无法用客观的情感去判别。我们产生了很多不同的学派,不同的处事方式。对于机器人来说,弄懂全部是不现实的。绝对的理智是它们的优点,也是与我们最大的不同,不需要一定纠正。

16120544

不同的国家会赋予机器人以不同的外观,不同的国家可能会给机器人以不同的训练方式,从而分化出不同文化气息的机器人。我们走路的时候碰到一个坑,有的人会提醒自己下次避开它,而有人会马上想办法把它填平。机器人在经过不同的训练方法后,也会出现这种区别。

16120656

中国人讲究"道法自然"。我们能不能把中国的"道"的思想融入人工智能中,能不能让人工智能顿悟自然之理,这是一个很有意思的话题。人工智能是西方的产物,所有近现代的发明也几乎全部来源于西方。我们在用西方人的体系解释中国的"道",乍一看是不可行的。西方把复杂问题分解化的思维方式是便于传承的,而中国人的经验是单传的,是模糊的。用确定的 0 或 1 来解释深不可测的混沌的东西是疯狂的想法。就如前几节课顾骏老师所言:"人类知道的东西,人工智能最终一定会解决;人类解决不了的东西,人工智能也解决不了。"人工智能真的一点创造力都没有吗?自然之道也是进化之道。基因的突变是随机的,只要时间够长,即使是人类大脑这样精密的东西也能创造出来。突变的上亿条基因,可能一条也传不到今天。只要时间足够长,以机器的计算能力,去随机排列一串编码来组成可能有用的程序,只要电力足够,进化 46 亿年,它所创造的辉煌可能远多于我们人类的总和。只是现在人工智能还没发展到这个地步,靠模仿发展的速度能比靠自己随机编写程序快得多,所以它现在不需要明白道理,等到需要的时候它自己就会顿悟大道。道理无处不在,明白之后就能一通百通。人类是大自然的产物,是进化的产物。而人工智能也是会进化的,通过模仿人类,人类筛选“突变基因”这些手段,人工智能进化的速度可能要比自然选择快得多。万物的混沌均可用 0 和 1 来表达,这就意味着人工智能可以创造一切可能。

16120700

实现机器人应用和人类发展之间的有机结合和协调发展,不仅仅依赖于智能技术的发展,还要不断建构机器人伦理学。第一,不同文化、宗教和社会意识形态的存在使得机器人伦理学的标准也不尽相同。伦理标准的制定必须集中全社会的智慧。第二,在机器人的应用过程中,作为一个责任载体,它必须遵守一定的道德规则,并为自己的行为后果拥有最起码的认知能力。只有丰富机器人伦理学的广度和深度,才能实现机器人应用和人类发展的和谐相处。

16120705

中国文化区别于他国文化,它更注重“悟”——一种玄之又玄的东西,可以把它归位于不确定性。如果我们能用代码破解“悟”,出现机器中国人便指日可待。

16120927

当下中国机器人已经屡见不鲜,那有朝一日会出现机器中国人吗?所谓机器中国人,就是带有中国文化属性的机器人,它会根据各种服务的需要做出中国特色的决策。这样的创新才是真正融入中国元素的创新。

16120932

中国文化博大精深,才知道原来二进制的起源是受到阴阳八卦的启发。所以刚听到“机器中国人”这个主题的时候有些吃惊,机器“中国人”意味着机器拥有了文化意识形态从而真正意义上实现了智能,让人不得不怀疑这个命题的可实践性。张老师给大家讲解了最基础的深度学习算法,让我们开始正确认识其原理,但这也增加了我的疑虑,如何利用算法实现让机器人也拥有意识形态或特定的文化底蕴呢?强人工智能的时代会在何时到来呢?

16121022

课上,顾老师提出了一个思考题:人工智能掌握所有知识后,它会是好的还是坏的?什么是好的什么是坏的?正如现在很流行的一道伦理问题:铁轨上前进的方向有五个人,另一条道上有一个人,你面前有一个操纵杆,你选择不变道还是选择变道舍弃一个人救活五个人?要是人工智能该怎么选择才能定义为善?

16121066

人工智能与中国博大精深的“道理”文化与思想的相互碰撞,就能产生一场争斗。其实不仅在于中华文化,在人类文明中,人工智能与人类智能的冲突一直存在,就像李明老师提出的开放性问题:当一个机器人集成人类所有文化的时候,它会是一个极端善良的、中庸的、还是极端险恶的东西呢?对于我们,它将充满神秘,因为没有任何一个人达到过这种程度,然而记忆力和计算能力都轻易远超人类的人工智能却将有可能达到集世间百态于一身的“境界”。着眼当下,我们更多地会在伦理层面探讨人工智能与人类文化,但我们创造发展人工智能的过程一直受到自身文化的支配。我们一直在证明自己,似乎没有过超脱自我的迹象,直到能把创造力赋予机器的时候。人类智能高处不胜寒,多么想出现一个可以与我们平分秋色的智能,与我们切磋。中国古文化似乎给人工智能提供了这样一种可能性:通过大量且随机的学习,海纳百川,自成一派,直到可以为人师。

16121163

中国作为世界大国之一,在未来人工智能主导的时候也必定是人工智能的集成大国。从中国机器人到机器中国人这是个彻头彻尾的改变,它意味着智能的深入骨髓,更是智能化的中国。

16121203

中国文化靠传承,而西方文化靠知识积累。要想在机器人中添加中国文化元素,首先得把中国所谓的“道”可视化,人工智能依赖算法,当有一天中国的“道”也能被添加进算法里,我相信人工智能会得到一定的突破。

16121391

中国文化有点朦胧,道,道可道,非常道。老师说为何要把人工智能同一些其他事物去模拟,是因为这是对大自然的致敬。大自然来自道,道是一切却又不是一切。想要让机器去拥有这种模糊的思想,比较困难。但谁又能确定机器无法学习这一切呢?人工智能是西方的一套比较成熟的体系如何融合中国文化思想,实现中西合璧的人工智能,还是有些困难的。

16121409

第九次人工智能课更倾向于对人工智能的宏观把握,对前面课程的凝练总结。首先顾骏老师向我们抛出很多值得思考的问题：人工智能有什么重大的方法论问题？认识到人工智能与人类智能是平行智能很重要，人工智能在很多确定性领域已经超越人类。人工智能为什么一直在模仿人类？因为人类智能是众多智能的一种，模仿人类只是了解人工智能极限的一种手段，但仅仅模仿人类不是人工智能发展的最终目的。自然智能是所有智能的起源，也是人工智能发展的最终目标。因此人工智能一定会从自然属性过渡到文化属性。以西方文化为参照的人工智能能否与中国文化智慧相容？西方文化便于传承，知识容易积累，方法容易积累。牛顿有一句经典名言“我是站在巨人的肩膀上”的，而中国文化不易累积。但是，屠呦呦通过古代典籍发现提取青蒿素的线索，中国的道家智慧有着对自然的理解概括，二进制的发现受到中国阴阳文化的启发，说明中国文化具有一些西方文化无可比拟的优越性。经过五千年文化积淀，中华文化蕴含着无穷智慧。这些智慧可以成为人工智能发展的宝库，中国机器人必将走向机器中国人。

16121410

机器人真的会产生文化属性吗？这种文化属性在未来真的有必要出现吗？究竟这些文化属性存在的意义是什么？顾老师举了一个例子，不同国家的人在有外来客人的时候该怎样对院子进行打扫呢？要是说，这个扫院子的就是机器人，那么机器人怎么进行判断？这个机器人要是用着世界通用一模一样软件硬件以及算法，它能做出富有文化基因的决策吗？我们日常生活中有很多问题，取决于对象的文化价值观判断。这是可以通过算法来实现的。自身具有文化属性的机器人没有存在的必要，但是能判断服务对象文化属性的机器人必须有。

16121419

现在，机器人、人工智能的实现基本上应用的是西方的科学思想和西方的一种拆分、碎片化的概念。中国自己的一些思想能否应用到人工智能？目前人工智能技术的基础就是西方的一套成体系的理论，而将东西方文化思想融合交汇是一条不错的道路，但我认为未必好走。可不可能跳出西方思想设计的机器人概念，而按照中国传统的思想来实现机器人？这是否也是一种可行的方案？这就是不同于现今任何已有的机器产品的另一种模式，这是一个脑洞。

16121459

中华文化博大精深，如果能够让机器人理解并懂得应用中国文化，前景必然很光明。但是中国文化并不是特别理性，很多东西的理解需要靠“悟性”。目前，人工智能还只是在确定性领域比较有建树，理解文化方面可能还很难。当机器人理解了中国文化，那可能是“道”与科技碰撞出火花的时刻。期待机器中国人时代的到来！

16121499

中国式思维有些飘逸。阴阳五行等无法用现代科学来解释，却有着自己的道理。现代的人工智能沿用的是西方主流科学体系，与东方传统思维差距很大。张老师介绍人工智能处理工作能力的原理，非常复杂而晦涩。

16121678

中国能有自己的机器人是科技领域上的一大突破。目前机器人已经可以模仿人类做很多事情，生产零部件，检查核武器，家务小助手，等等，机器人帮助人类很多，尤其是去那些对人类有害的工作环境，机器人可以帮忙代劳。中国文化博大精深，如果中国机器人可以发展成机器中国人，将会是一项壮举。相信在未来研究中，科学家们可以开发出新的代码，使机器人学会人类的语言，人类的文化，了解中华五千年的历史，拥有思考的能力和丰富的情感，变成真正的机器中国人。

16121869

本次课程的最后一个有趣的问题：假如有台机器，学习能力足够强，让它无约束地学习人类有史以来所有的知识，它会变成善或恶？对于这个问题，首先，何为善？何为恶？知识是客观的，善恶全由人类定义，站在人类的角度，我们必然定义：这机器有益于人类，即为善；反之即为恶；其次，我们要认清，这是一台机器，不是一个人，它并不以我们想象的人类的学习方式去学习，因此它极有可能创造出人类所未能创造出的全新知识。假如这机器甚至能够学习人类的思考或情感能力，它将具有意识，能力凌驾于人类之上可能导致它产生傲慢，失去控制，从而对人类造成灾难；而假如非也，它则是一台万能机，将会对人类做出巨大贡献。

16121916

尽管我自认为通过前八次的课程，我的脑洞已经大了一点。但是本次课程结束后，我发现我还是太天真了。之前，从未想过可以将中国传统文化及其传承方式和机器智能联系在一起，更不要说人工智能应该完成从自然人到文化人的转换了。通过顾老师的讲解，我“有点困难地”了解到，能看到的仅仅是自然万物所展现出的智能；看不到的自然智能才是一切智能的终极来源,作为一个致敬和探秘大自然的过程,创造人工智能必须从模拟生物开始,我想,这一思想是否体现在目前大热的机器学习上?张老师对基础知识的系统性讲解和李老师生动有趣的例子,指出具有文化特性的人工智能应该是我们努力的方向。中国传统文化的传承可具体化为对中医诊断思想进行量化等,要让这些宝贵文化得到进一步发展。

16122119

机器人能不能领略中华文化,要想明白这个问题,我们得先自问:人类是怎么领略文化的?这个问题对很多人来说很模糊——我们确实是、也肯定是领略了文化。但这个过程是潜移默化的。我们只有把这个过程描述出来,把文化的概念赋予机器才能成为可能。研究机器智能就必须研究人类的智能本身。我们已经通过算法让机器实践。而"文化"呢?它或许是一种"联想""总结",我们能从并非确定的种种现象中得出一个共通、几近适用全体的模型,这是十分神奇的。它实际上便是"不确定性领域"的问题。它验算的对象并非是明确的个体集合,而是模糊的整体。实现它的过程中有着重重难关,如何跨越它们是立志让机器人也成为同胞的中国人未来的课题。

16122242

人工智能的参照主要是以西方文化为主。西方科学处理的是现象,中国文化关注的是表征,西医和中医的不同,语言不同,这些东西能够得到很好的相容吗?这些是需要我们这一代人去努力实现和完成的。

16122429

打开脑洞联想一波:中国机器人要怎样成为机器中国人?在未来,人工智能的算法中是否会拥有文化属性的代码?等到人工智能成长到与人类相匹配的智商后,将其放到现实生活中,让它在中华文化的氛围中成长。何时它才能成为机器中国人?我期待这一天的到来。

16122431

三位教授的问题真的让我脑洞大开!我们以中西方文化差异为切入点,探寻中西方文化传承的不同模式,最后又回归中国元素,追随古人的智慧来发掘中国思维背后的奥秘。这给了我很多启发:一是问题的关键不在于答案而在于思考问题本身,追求答案本就是一种功利性的思想,我们理应摒弃。二是在科技快速发展的今天,传统文化一再被忽视,中华民族五千年传承下来的传统在逐渐流失,这不得不引起我们的注意。一个忘掉本的民族是没有未来的,所以我们在科技进步的同时也应将传统文化的发掘与传承摆在同等重要的地位。不忘本源，发掘传统，融入创新，顺道而行。未来的机器人也一定可以打上中国元素，成为机器中国人。

16122547

张教授讲了机器智能，感觉很精彩，但是我没听明白……李老师提的那个假如让人工智能不停地学习知识，它最终会变成什么样？我觉得有几种可能，一是人工智能在学习大量的知识后超越人类，达到一个新的高度，不被人类社会所约束，成为一种新的智能形态。第二是人工智能最终无限接近于人，拥有人类的价值观，第三则是人工智能最终崩溃。因为人类的某些知识是对立的，如果人工智能没有分辨和取舍能力，那么在遇到这些对立的知识的时候可能因此程序崩溃。

16122639

中国的一些文化要运用到机器人的编程中是很复杂的，就像中医里的阳气和阴气，风水和玄学，这种在西方人眼中虚无缥缈的东西很难写入机器人程序。机器人中国还比较遥远。

16122665

要想做出机器中国人，我们中国人必须先把自己的哲学思想以及文化理清楚。道是什么？何为仁？这都需要靠我们自己长期不断地思考领悟，没有什么道理可以用公式表达出来。让机器人去领略这些东西怕是不太现实。

16122717

今天三位老师让我们有了新的思考与感受。人类为了了解人工智能、了解道而去研究人工智能，但是我们发明的人工智能最终也就只能发现知识而不能创造知识。老师提到自然界的一切事物都来源于道，道是一切又不是一切。在未来，或许机器中国人可以得到一些发展，但是人类智能终究是人类智能，机器是不能够真正像人类智能，理解什么是真正的道。

16122868

机器人的概念是从西方传过来的，但拥有上下五千年文化的我们，应该能创造能体现我们文化的机器人，这是一种文化自信的表现，也是国家能力的体现，相信在以后，我国的人工智能会有更大的进步。

16122960

机器人中国如何成为中国机器人。中国机器人要给它赋予中国的文化因素。顾老师讲了现在世界的一切事物，人类、动物、植物……产生的本源都是道。道,除了这个名字以外,什么都不是。但,它又是一切。人类的智慧,动物的智慧以及所有植物的智慧,等等,都是自然的智慧。张老师说机器模仿神经网络识别图像,机器人中国如何成为中国机器人,必须以中国文化的方式去思考,要在它的算法里面添加中国文化元素。当一个机器学习了人类所有的知识以后。这样的情况很难去预料。但,知识毕竟是人类的,我们可以参考人类发展的趋势,人类知识也有权重,善恶的权重不一样,对机器的反馈也不一样。或许,所有的知识产生矛盾,各种文化的伦理产生冲突,这样的一个知识结合体根本不可能存在。

16122986

技术的进步日新月异,不断变换着风向。随着智能时代的来临,如今“智能制造”在中国正形成一个新的风口。2015 年 5 月 19 日,《中国制造2025》印发,正式提出要以智能制造为突破口和主攻方向。作为智能制造领域的一个重要方面,中国机器人产业以其自身的关键性而格外引人注目。然而,中国机器人产业的成长并非一帆风顺。在先天不足、起步较晚的情况下,中国机器人制造企业还面临着外国垄断企业的夹击。它们蹒跚起步,在“前有狼、后有虎”的情况下却逐渐“异军突起”。

16123024

中国文化博大精深,是祖先一代代传承下来的。学习哲学悟性很重要,机器如何可以做到“悟”? 很难!

16123055

机器中国人也就是机器人要具有中国的文化维度,包括“道”的无为,中国的“道理”,中医研究的“表征”,等等。我们知道机器人的相关活动是由西方发明的算法实现的,依据神经网络和梯度函数等数学、逻辑规则实现的。这些可以表达丰富、感性的中国元素吗? 未来值得期待。

17120006

顾骏老师用很多例子说明文化差异。文化本身对人就很难吸收,而对于人工智能,学习抽象的文化对它们来说堪比登天。文化就像符号,每个国家有不同的文化,而人工智能是否也会有文化差异呢? 张新鹏老师用数学运算和堪比天书似的算法为我们讲述了人工智能运作背后的原理。李明老师从中国古代文明产生的“机器人”入手,让我们看到了古代中国人民的智慧,地动仪等古时机器,精妙的计算,堪称古代中国的人工智能。未来会不会有中国机器人不得而知,不同的文化下会产生怎样的结果,令我们深思。

17120321

顾老师给我们举了很多例子。“悟”的思维方式与计算机科学本身是矛盾的,人工智能有没有可能学会“悟”的本领呢? 机器中国人,重担扛在我们肩上。

17120338

张新鹏老师介绍了神经网络的构建模式。神经网络算法的核心就是:计算、连接、评估、纠错、培训。通过一定量的训练,可以让一个系统很好地辨识某种动物,或者对一篇文章做匹配型的阅读理解,可是到目前为止,这种辨识只是模式识别,并非真正理解。为了要得到“机器中国人”,在构建神经网络时要融入更多的中国传统思想,让人工智能接受中国的思维方式。

17120470

文化特性在人工智能上也许并不是千篇一律的。中国文化对机器人来说还是太抽象了,比如风水卦象,这些东西都很难具体到程序中,并表达出来。要把中式思维融入机器思维中,还需要深度理解,对思维方式做解构与再建构。

17120970

中国机器人何时能成为机器中国人? 这是一个很新颖的话题。课堂上,老师们把中国文化阐述得淋漓尽致。什么时候可以把中国文化融入人工智能呢?

17120983

对我而言,这是充满思维碰撞和大开思路的一堂课,勾起作为一个写手的我产生无数脑洞。我曾经有一个有趣的脑洞,西方的科技和东方的玄学,都很接近宇宙中的那个至高真理点,(我们可以叫它奇点,也可以叫它道)的一种方式。现在的我们,只是在科技树上走得比较长远,而玄学的树,我们不曾点亮,或者只有少数人点亮了,而我们不知道。与此相关联的,还有一个类似的脑洞,古代西方的所谓神明与英雄,古代东方的所谓神仙或佛陀,本质上都只是比我们更接近那个点的普通人,而在俗世浸染以后,神明陨落,人类才重新开始寻求“道”的道路。当然,这是我曾经的小说设定。在这个课上,我却发现,这个设定,或许还有无限可能可供挖掘。

17121153

感觉这节课跟前面的有些不一样,着重点不在关注技术的问题,而是提出了一个结果层面的问题,即人工智能偏向于“中国人”这样一个带有文化属性的主体模式。这是我第一次听到“机器中国人”这一概念,也就是体现中国文化与中国人思维的机器。实现机器人的思维独立化是第一步,让其具有中国人属性的思维是第二步,也是更具挑战性的一步。

17121184

机器智能作为一个典型的技术问题,在发展的纵深中已进入了文化和哲学的无人地带。正巧我最近也在关注中国人的民族性格和历史因应的话题。我认为,首先要界定的是机器中国人的具体内涵。这是指在被认为归属不确定性领域的中国文化和哲学方面取得技术性的突破,还是我们寄希望于这个智能体完成意识认知的中国化?也即获得中国文化典型的顿悟式思维,以期帮助人类去思考一些更基本的原初问题?无论是哪种,目前来看,都无法迅速找到解决路径。前者属于不确定性领域,这个机器智能目前尚未攻克,有赖于模式识别深度学习等细分领域的革新突破。后者,当前我们自己或者说整个研究考察中国文化哲学的学界,不分中外,尚未彻底厘清固有的内涵,遑论这个文化本身也在日新月异地嬗变重构。

17121212

这次课围绕了“中国机器人何时成为机器中国人”的话题。中国机器人可以说成是中国制造出来的机器人,这是一种技术上的体现,而机器中国人,就是融入了中国人的思想文化的机器人,和中国人一样地生活着。这样的切换,真令人脑洞突然大开。这门课我不曾觉得有一个小小的想法就能去思考。它需要我们的脑洞不断扩大。这节课再次印证了人工智能就是需要我们脑洞大开。

17121370

中国机器人与机器中国人,两者的不同显而易见。中国机器人,只是单纯的中国制造的高等机器人,而机器中国人,则是融合了中国人的思想,和一个中国人一样思考的人工智能。众所周知,中华文化博大精深,几千年起就有了许许多多的思想,独树一帜,百家争鸣,有些思想的内涵到现在仍然没有被世人所猜透。就这方面来说,让一个机器人,一个人工智能,像一个中国人一样以中国思想来解决问题的想法,很难实现,但不是不能实现。以中国玄学为例,玄学里的天命难测,却是可以联系到计算科学里的随机性,若要以此来看,则是可以将中华思想,取精去粗,以另一种机器能够适应的算法来使之适应机器,创造真正的机器中国人。由此来看,机器中国人,任重而道远。

17121596

这节课讨论了一个很有意思的话题,中国机器人和机器中国人。中国的文化中有很多不可言喻的东西,比如说中医,人际关系等。类似这种近乎玄学但是对人类十分有用的技能,能否赋予机器人呢?这方面的问题充满了不确定性,不过我相信人类终有一天能找到解决这些问题的方法。

17121616

对于中国的玄学,中国的思维形态无论是西方的评价抑或近年来中国学者自己的评价有一点是统一的——这限制了中国产生系统的科学。中国人早在春秋战国就发现发明了数百年后西方文明才得以一窥的火药光学机巧之术,但偏偏这些都只停留在了表象没有人去深究,停留在了道可道的层面。机器人,人工智能与中国式思维的结合可以从言传身教的道的层面出发。比如,我们需要机器人模仿人的情感但却不知道情感究竟是什么?机器人也并没有人类的脑与神经结构,我们可以只对人类接受的刺激以及机体的反应加以统计,通过这种“表面”达成我们的目的。这也许是中国机器人到机器中国人的关键一步。

17121687

顾骏老师讲到自然智能是一切智能的终极来源,自然智能看不见。能看见的是自然万物所展现的智能,这个自然智能其实就是“道”。这让我有了自己的理解,那就是人类智能和人工智能本质上应有相通的地方,就像二进制和阴阳有关联一样,最核心的部分应有密切的关联。如此看来人工智能和人类智能只是道的不同衍生体,就好像是生发于同一颗树种,根相同,只是发展的过程中分了叉。目前人工智能处于初级阶段,当后人工智能时代到来时,或许人类智能会以人工智能为参考物反观自身,发现自己的不足,进而改变我们的进化轨迹。人工智能的发展会创造出前所未有的新事物,就像 Alpha Zero 下出了人类未曾下过的棋局,在某些领域加速了人类的进化速度。人工智能的发展需要算法等定性的事物作为理论支撑,但如何面对未知的领域呢?如果能很好地借助中华文化进行未知领域的探索,人工智能会发展得更好。我们可以把事物量化、分解便于传承,让后人站在前人的肩膀上做出更伟大的贡献。中华文化擅长于个体的集大成化,但个人开悟的过程和最终的领悟难以用准确的表达和推演记录下来,传承方面我们还有不少欠缺。这也造成了各个朝代的高人得道,却后继无人,自己的学问成为空谷绝学,后人了解到的只是事物本事却不是道本身,若要得道都得从零开始。人工智能的发展挺进“无人区”后,谁也不能预料到人工智能会走到哪一步,从有到无,进而从无到有,人工智能或许就是一得道之人。天人合一、顺势而创、极致的匠心“无为”是发展的秘诀所在。

17121714

这堂课的重点是在讨论机器人是否能够做到与人一样。不同国家制造出的人工智能是否天生就带有一种印记?对此,我觉得是十分真实的,人工智能未来或许与我们是一样的,当他们真正拥有了思想,而不是按照指定的算法行动。中国古代圣人的一些思想对当今的我们也有不小的启发作用。正如《道德经》所说“玄而又玄,众妙之门”。或许,人工智能的未来就在其中。

17121768

“道”本身是模糊的,至今仍没有一个英文单词能够很好地将“道”翻译。面对如此深奥模糊的概念,只靠“1”和“0”来确定事物的人工智能势必难以理解人类的道法。空有中国人的外貌,表现得再像中国人,没有对中国文化和道的深刻认识,是不能说自己是机器中国人的。

17121849

人工智能模仿西方实证科学,处理的是现象,中国文化关注的是表征,现象是可感知的,表征是不可感知的,见人所见的图像识别与见所未见的中国文化特性能相容吗?这一系列的问题抛给我们,我最大的感受就是仿佛向我打开了一个新世界。这个领域是未知,是有待探索的,是需要我们每个人思考的。

17121968

这节课果然让我脑洞大开。首先顾老师以社会学的视角看待人工智能和中国智慧的相关问题,提出了一系列的问题,打开了这节课的脑洞。张老师根据算法解释了之前语音识别、图像识别等相关函数和深度学习算法的构建,基于这些理论算法,张老师未对顾老师提出的问题做出解释,而是又提出了一个脑洞。李教授讲解了一些中国古代的机器技术,讲到顺道而为,顺势而为。我也思考了一个问题,是否古人乃至现代人对长生不死的愿望可以通过人工智能模拟神经元,通过意识上传实现?中国的文化可能是一股推动人工智能发展的强力。

17122095

中国机器人,这个构想性问题可能是从机器人诞生至今,中华儿女一直在考虑在思索的问题。中华文明博大精深，是否可以为机器人所拥有？文化内涵是一项本应该只有人才拥有的技能，是否可以被人工智能所模仿？代表中国文化精髓的八卦，相生相息。在未来科技不断发展的年代里，一切皆有可能！挑战学习，创造进步。

17122306

“人类为何研究人工智能？”老师的解释是人类想了解智能，了解道。这引发了我的思考，西方算法创造的机器人能理解中国文化，中国的道吗？西方的严谨、积累式思维造就了当代科技，而东方顿悟式的教育难以让知识获得延续。但西式思维真的无法接受东方思想吗？其实不然。屠呦呦从典籍中发现了青蒿素的线索，获得诺奖。屠呦呦将书中需要顿悟的道理以西方的科学方式实验研制，对于人工智能亦然。张老师讲了当前模仿神经元的人工智能计算方式，既然人类都有着相同的脑袋，一样的神经元，那让神经元机器以大数据的方式学习中国文化，想必也能学有所得。机器中国人或许不难实现，如同小冰，它能从大数据中去分析中国人所谓的“道”，但或许它终究无法理解“道”。

17122511

倘若将中国历史的元素融入机器人的制作中，让机器人去学习中国历史，是不是可以创造出一个独有的机器人。那么，这样的机器人制造出来是为了什么呢？它会不会让有着中国历史的机器人觉得，自己便是中华民族的后代？事实上，创造并不一定都是有明确目的的，它只在探寻未知世界，也可能去探寻机器人的极限。一旦我们找到了这个极限，便可以更好地使用机器人。

17122541

这是课堂容量较大的一次课。不仅是因为内容——文化多样性之不可捉摸，更重要的是老师也做了很多的拓展与延伸。顾老师抛出疑问：在前八堂课中，我们为什么要一次次地拿人工智能与各种各样的其他智能相比较，意义何在？百思不得其解。顾老师说是致敬，对自然智能的致敬，对道的致敬。而道，道可道，非常道。到底什么是道呢？

17122585

顾骏老师说到“自然智能是一切智能的终极来源”，人类的智能是超越其他一切生物的，我们生于不同的地区，也会因为环境的因素产生不同的智能。正如打扫落叶的例子，这也是文化有意思的地方。而人类创造出来的机器人也应该如人一样表现出文化的多样性。当机器人能够体现一个国家的文化和内涵的时候,它本身的意义又高了一层。李老师讲解的中国古代机器中蕴含了古代人的思想文化,我也在思考我们越来越现代化的机器是否也丢失了一些本质的东西,现代高科技如果能和我们源远流长的文化底蕴相结合,一定会另有一番风味。

17122634

中国的思维方式拥有独一无二的角度。正像屠呦呦从中国古代医学典籍中寻找到提取青蒿素的灵感那样,中国科研人员如果在研究过程中多加入一些中国思维方式的元素,很可能将打破目前已经成型的人工智能模式,成为"破局"的钥匙。

17122648

今天,课程十分精彩。但我还是有很多不明白的。课程末,老师们留下了许许多多的不知道、不一定,给了我们无限的遐想空间和打开脑洞的机会。

17122893

课程开始之前,顾老师说到,平行智能为何总被拿来与人类智能相比较。顾老师给出的答案令人深思,我们需要一个参照物,我们需要用其他的智能去开辟人类智能的新高度。

17123117

中国机器人,机器中国人,机器人与中国文化的融合对我来说是个新鲜的概念。确实,中国"水"的哲学思想使得中华文化灵活变通,这是现在机器人所不具备的"灵气"。机器中国人,也许是人们在非确定性领域的又一个尝试。在深度学习算法流行的今天,人工的智能依然来得十分费力。也许中华文化会提供给我们新的思路。在我看来,机器与文化的结合难以实现,但这一想法会给人工智能工作者以启发——在开发与优化的过程中,我们有时需要跳出思维定式,让人工智能可以触类旁通,才思敏捷。相信中国智慧将给人工智能的发展带来新的方向。

17123125

今晚,我感觉脑洞又打开了不少。我了解到中国文化的一些特征,比如"阴阳理论","诗词技巧",等等。这些东西有时用语言都很难描述出来,要将它巧妙地融入人工智能里面自然是很困难的。我想到了国粹京剧蕴含着中华文化。人工智能能写诗唱歌,能否唱京剧?我认为很难实现,我自己也在学京剧,体会比较深。首先是京剧发声,重气息,一起去找天地人之间的和谐之感。机器的气息从何而来?京剧中处处是需要悟出的东西，只能意会，不可言传。也许机器能靠大量的输入，学习出京剧中的形，但其中的神很难学习到。京剧是精神层面的东西，机器能理解并具备这样的精神吗？

17123949

对于顾老师讲的利用八卦等我觉得这是颠覆整个业界的事情，不是简单的开脑洞。尽管讨论的可用性并没有那么大，但也未必不是一种前进的方向。我们要经常打开脑洞。

17123980

不得不承认这是我听得最云里雾里的一节课。中国机器人何时成为机器中国人，机器人应当被赋予中国文化的元素，而中国文化却与机器人的本源：西方文化完全不同。一个是依靠顿悟，道法自然的；一个是思维严谨，知识积累，小心求证的。机器人本质上是二进制代码，非 0 即 1，是绝对的，但是中国文化却有着无中生有，有中含无的相辅相成的道理，在两者间很难达成一致。最有可能的情况是机器人通过大数据无限地逼近什么是“道”，但它却无法理解。未来，如果我们对人脑有更加深入的了解，在基础学科上有了突破，那么我们就可以构造出更加高级，更加接近人脑的人工智能网络。我们通过机器制造出了一个大脑，也许它也会有灵感，它也会顿悟道理，那时机器中国人就真的能实现了。

十、人类智能与机器智能会是什么关系？

时间：2018年5月28日晚6点
地点：上海大学宝山校区J102
教师：陈　玺（上海大学理学院教授，东方学者）
　　　王国中（上海大学通信与信息工程学院教授，万人计划创新创业领军人才）
　　　顾　骏（上海大学社会学院教授）

教　师　说

内容：人工智能的未来，人类的未来，大学生的未来

介绍量子计算机的特点和发展趋势，展望其对人工智能技术可能带来的重大影响，前瞻人类与人工智能的关系及其可能变化，提出人-机关系三样式，各自独立发展，不存在人工智能取代人类智能的可能，两者平行发展，可以相互参照，人-机结合，取长补短，共同发展。重点讨论人类在人工智能高度发展条件下的生存处境，引导大学生思考未来的人生定位。

学　生　说

16121693

本次课似乎是把前面几次课画了一个大圆，从脑洞开始，又回到了脑洞的出发点。“量子物理，无疑是量子人工智能的基础”，这句话似乎是在说我们还是要回到初始，注重根基。爱因斯坦误打误撞给现在的两个新

领域创造了基础，人类发展到现在是以往的人们创造了基础。人工智能尽管还在蹒跚学步，但是终归有一天会更好。谢谢老师们带来如此精彩的课程！祝“人工智能”越来越好！

14120880

之前，我一直感觉人工智能离我们很远，人类的思考模式我们都还不清楚，更别说使机器具有思想意识了。但上完最后一节课后让我陷入了深思，量子计算机的计算速度是普通计算机的亿亿倍，计算机性能将是几何倍数的提升，这可能就是大规模实现人工智能的前兆。王国中老师讲了奇点来临前，我们应该做什么。我们大学生在新时代来临之际更要提升自己的学习能力，才能不断适应这个快速发展的社会。学无止境，一些机械性工作迟早会被机器替代，只有不断学习，掌握核心技术，才能不被时代淘汰。

15120571

最后一课，陈玺老师介绍了量子力学及其与人工智能的关联，虽深奥难懂，却精致迷人。作为一门通识课，我们本就只能略略习得关于人工智能的皮毛。科学界、社会人士仍在很多问题上持有争议。正是这样，才是人类社会进步的源泉。我们在探索未知的过程中逐渐提升了自我，不论从知识储备还是从视野思维的角度。这是一门教育意义不局限于课堂之内的课程，开脑洞、求新知，这样的学习是没有句点的。

15120999

姚期智说：“人工智能是人类想要了解自然界是怎样做出聪明的人，而如果我们能够把量子计算用到这里，我们可能比大自然更聪明。”量子计算和人工智能真的可以结合在一起。人工智能是人类想要了解自然界，怎样做出这么聪明的人，我们想要达到这个境界。我们能够把量子计算用到这里，我们可能比大自然更聪明。在量子计算和人工智能中间，我们需要进行深入探讨。从现在的视角看，宇宙给我们两个很大的挑战，一是量子物理能够做出一个很精妙的事情，如果没有量子计算机我们就不能引领它；二是在软件方面，如果能够把量子计算机和AI放在一起，说不定我们真的能做出惊天的事情。

15122373

人工智能自出现以来，就一直备受关注。一些人工智能专家过度狂热的预言让人们又振奋又害怕。今天王老师提到了奇点理论，即人工智能超过人类智力极限的时间点。奇点代表人工智能将达到人类水平的智能。不久的将来,强人工智能将变为超人工智能。届时系统将智能化到可以自我复制,从而在数量上超过人类,并且还可以自我提高,从而在思想上超越人类。对于它是否能够发生、它是否将发生、它什么时候发生,以及它是一件好事还是坏事,人们意见不一。随着人工智能的进步,奇点必将到来。本次考试的最后一题,我觉得很有意思,在奇点到来之时,我会在哪儿在干什么?我相信每个人都有自己的幻想,这也是对人工智能的展望。在奇点到来之前作为大学生的我们应该做些什么呢?尽管课程结束了,但是对人工智能的学习并没有结束,我们要跟着人工智能一起进步!

15122722

人工智能最后一节课,陈老师从量子物理角度全面剖析了人类智能和人工智能的辩证关系。当人类智能碰撞到人工智能,而人工智能拥有自己独特的感知能力、思考能力和运算能力,我们应该怎样去应对,担心还是恐惧?这一些都值得我们去思考。王老师提出值得思考的问题——当奇点来临时,又会有什么情况发生?这一切,等待着我们去继续学习,深入思考。当人工智能与量子计算机相结合,会出现怎样的火花?人工智能的智能水平很有可能超越人类,量子计算机拥有未来发展方向。

15123098

这节课由理学院的教授来给我们介绍量子计算机。我是工科生,量子科学我听得云里雾里,只觉得特别高大上。考试最后一题,奇点来临时我在做什么?这确实是一个深奥的问题,就像 20 世纪的人想象 21 世纪会变成什么样一样。有的想法验证了,有的想法现在看来极其可笑,科技的发展永远伴随着机遇和偶然性,令人难以预测。

16120265

人工智能最后一节课,老师们讲了量子计算机与人工智能。关于量子计算机,我在课前也有一定了解。如同人工智能一样,随着科技进步与商业化的可行性,量子计算机现在也在飞快发展,Google, IBM, D-WAVE, NASA 等国外科技界代表都在着重发展量子计算机。而量子计算机的发展带来的就是计算机算力上质的飞跃,而这给人工智能带来的也将是质的突破。在量子称霸到来时,人工智能完全超越人类这一奇点也将来临。在人工智能这一奇点到来之前,作为大学生,我们该做什么?如何做?这便是我们需要去深思的问题。如果仍是如同以往一样死读书,读死书,机械而重复,最终必将被人工智能所替代。

16120538

这次的课程介绍了量子计算机,它是计算机的全面加强,在高端领域是研究的助力器。对于人工智能来说量子计算机非常重要,它可以帮助模拟人的意识。未来人工智能进入课堂是必然的。希望它能够帮助我们跳出固有思维,真正做到因材施教,学感兴趣的事情,让以后的教育变得更好。

16120656

今天的课堂内容由陈玺老师和王国中老师带来。陈玺老师在应用层面重点介绍了量子计算机。传统计算机芯片内的管线密度已近极限,照传统计算机的发展速度,摩尔定律会很快失效。而量子计算机是我们走向下一个时代的路径。根据摩尔定律,用不了30年人工智能的复杂程度就会超过人类。奇点也会在这之后的不久到来。到时候,我在哪里?我在干什么?这是我们现在所想象不到的,30年前的我们也想象不到今天的生活。王国中老师团队研发的Iclass大大提高了课堂互动效率,我参与使用了多次。中国已经进入了新时代,人工智能以一个不可阻挡的力量崛起了。努力吧,组建人类命运共同体,夺取人机共存新时代的伟大胜利。

16120700

量子计算拥有强大的计算能力,可以把整个城市甚至整个地球上所有人的出行计划全部输入进去,它就能瞬间设计出最佳出行路线,从而让人们彻底告别交通拥堵。将量子计算运用到人工智能上,人类或许能模拟人脑的运算模式,研发出几近人类的人工智能逻辑体与更好计算存储的运算体。这种能力让我们可以为人类提供高性能、低功耗、低成本、完整开放的嵌入式人工智能解决方案。

16120705

陈老师对量子计算机的介绍揭开了它神秘的面纱,量子计算机巨大的潜力展现了人工智能的可实现性。王国中老师以奇点为引讲述了对新时代青年的期望,希望我们能够将本课所学应用于更广的范围。十周课程不仅仅开拓了我的脑洞,更是将科学家们美好的品质展现了出来,让我受益匪浅。

16120927

量子计算机在商业、通信、材料学等各个领域都有着巨大的应用潜力,它甚至可以计算出人的意识,让人不禁期待。整个学期的课堂,我们脑洞大开,对人工智能有了全新的认知。

16120932

又是一节开脑洞的课,过去我实在难以将物理领域中的量子力学和计算机科学领域中的人工智能联系起来,但今天陈老师的课使我相信,如果有一个足够大、足够快的量子计算机,我们可以彻底改变机器学习的各个领域。奇点的到来不会太远,奇点到来之际人工智能和人类的相处模式一直是大众既期待又担忧的事情。人工智能的崛起会是人类文明的终结吗?

16121019

以前我了解过一些量子知识,总觉得它非常抽象、难以理解,是一种看不见也摸不着的东西。没想到这堂课让我如此近距离地接触到了量子,而且它还跟目前非常热门、看得见也摸得着的计算机结合到了一起,这是一种十分神奇的感觉。人类社会正在快步走向大数据时代,未来的计算而且是巨大的计算量是不可避免的。计算机也必须寻求新的发展方式和方法,从而提高自身的速度以及各方面性能。它和量子结合可谓是目前的最佳选择。

16121066

郭毅可院长曾经对初入计算机工程与科学学院的我们说:要学好计算机,就应该先学物理,特别是量子物理。认识世界的本质和运作方式,对计算思维的理解会更上一层楼。我深谙物理学对人类探索世界的巨大作用。我看过《上帝掷骰子吗》这本量子物理史话,从量子力学震撼到它自己的创始人普朗克,到它拨开天空中的“两朵乌云”,再到如今计算机的发展,都刷新了世人对自然界的认知,给我们无穷的遐想。人工智能,一切都始于0和1。两个相反的状态就可以计算出世间万物,量子纠缠对则是把状态的叠加变幻来得更加猛烈,量子力学加计算机科学,那简直翻天覆地。

16121163

量子计算机的计算能力远超现在世界上的任何超级计算机,这是老师原话。这节课我并不明白太多,但老师很直观的解释就已经能让我明白了量子计算机。人工智能发展到一定的程度也确实需要量子计算机的支持,强人工智能更不用说,想必到那个时候,人工智能早已比人类聪明了无数倍。

16121173

陈玺老师说,量子计算和人工智能的结合为人工智能打开了一个全新的领域。研究吸引着很多人,这将使得我们生活的方方面面变得更加便捷、快速,但在发展的同时,我们是否也要停下脚步,思考一下我们为什么要求快速发展,是否量子的使用对于我们人类也会有伤害?我们是否会被自己所开发出来的人工智能所取代?奇点的提出,让我们设想人工智能的未来。这将会是一个更加深刻的问题。

16121320

这是人工智能课程的最后一节课了,虽然时长与之前相比较短,但两位教授的分享让课程内容依旧丰富。课堂测验试题很开放,引导我们回忆了这 10 周来听过的知识、开过的脑洞,最后的思考题也很有意思,奇点到来时,我在做什么呢?非常感谢 10 周来教授们精心策划的课程,让我们站在一个更高的视角了解人工智能的许多问题,启迪了同学们的思维,我们受益匪浅!

16121368

今天的这堂课干货很多。量子计算机是一个让人惊讶的科学成果,用量子计算机来模拟人脑的结构,这必将具有历史性的里程碑意义,对于医学、人工智能、物理等诸多领域都有着巨大影响。奇点的到来肯定还有很久很久,人工智能的发展也有很长的路要走,和我们测试题的最后一题相呼应,老师介绍了他自己开发的平台也都利用到了人工智能的相关知识,这给我以后写代码开发方向带来灵感。一个学期的课程,我感觉收获不少。

16121410

这节课为"人工智能"课程画下了一个句号,却也为我们在人工智能道路上的研究给出了起点。它也将我们学校"大国方略"系列课程过渡到"育才大工科"课程,又过渡到量子世界系列,这是一个新篇章。对于奇点到来,作为人类的一员,我们要提高自己的思想境界,以哲学思想引领自己。

16121459

我依旧不太理解量子理论的工作方式和原理。不过我所理解的是量子理论一定可以改变世界。量子计算机,量子保密通信等高精尖的技术应用将是科技飞跃式发展的催化剂。虽然觉得量子世界虚无缥缈,我还是很想去深入了解它。未来,当奇点到来时,我不认为人工智能会对人类产生威胁,因为我们的能力会随着科技的进步,人工智能的进步而进步,在奇点到来时,我们一定会找出与人工智能和谐相处的方式。

16121675

今天陈老师介绍了十分高深的量子技术与量子计算机，虽然只听懂了个皮毛，但是量子计算机大大颠覆了我对以往算法的认识，就像陈老师所说，我可能生活在“牛顿力学”的体系中，倘若我们接触“薛定谔方程”，许多计算就会变得容易。量子技术还可以研究人们的意识，我们课堂时常讨论的感性问题也能迎刃而解。王老师还讲述了许多曾经课堂上所提出的问题，告诉我们当今人工智能的局限，并教导我们如何在人工智能的道路上前行，给课程画上了完美的句号。

16121916

本节课作为人工智能系列课程的结束，带给我们启发，也为我们留下了珍贵的财富。虽然仅有一节课的授课时间，但陈玺老师和王国中老师仍然为我们带来了非凡的课堂体验。课堂从量子计算机和量子智能开始，以奇点到来作为结尾，不仅让我们了解了更丰富的专业知识，还让我们的脑洞又打开了一点，并让我们对未来有了更多的期待。“我们来到了量子计算机的最后一里路”。作为大学生，我们如何在这最后一里路中做好自己也显得至关重要。至此，我才突然发现，人工智能这门课的开设目的不仅仅是让众多学子了解人工智能的一些基本信息、思想及思维方式，其终极目的是让我们脑洞大开：知道在世界智能化的趋势下，自己的兴趣何在，应该主动地去接触和学习各种知识和技能，从而明确自己的未来规划。它带给我们思想上的触动和行为上的改变，这是一些专业课所接触不到的，这也正是通识课开设的意义和价值所在。

16122431

回顾10周学习，人工智能这门课带给我的远不止几个知识点那么简单。它教会了我要大开脑洞地去思考，要从多学科交汇角度去了解知识，要在学习中放眼时事动态、国家政策热点……希望我可以成为像郭老师所说的那种人：永保好奇、永不停步地向未知探索。

16122547

我上学期刚学了“量子力学”，但这次课我还是有很多没听懂。这堂课我听得比其余所有课都要认真。建议老师不妨在以后的课程中更多地加入专业知识，虽然可能会有许多人听不懂，但是或许在某堂课上某位学生会顿悟自己一直以来的某个认知存在错误。比如，我一直以来不是很理解薛定谔的猫，就算看了解释，印象也不深刻。但是，今天听陈老师讲了态叠加原理，我忽然就懂了，印象非常深刻。我以后可以在别人面前

"吹牛"了。我们课程以打开脑洞为目的,但也不妨更多地掺入一些偏理论性的专业东西,也许某个未来的量子计算机之父就从我们的课堂诞生了呢?!

16122960

从墨子号升天到阿里巴巴投资与中科院共建11比特的量子计算机,不难发现量子通信和量子计算机时代已经到来。国内的机构都在努力开拓行业的前沿。Google,IBM,D-WAVE,NASA等国外科技巨鳄也无不在试图掌控这一高地。陈玺老师提到,量子计算机之所以比经典计算机速度要快,性能要好,原因就在于量子力学的态叠加原理,它操控50比特就可以实现量子称霸。100比特的量子计算机速度是现有最先进计算机的百亿亿倍,1 000比特甚至可以计算意识是如何产生的。陈老师从量子力学方面给人工智能带来了一片光明的前景。

16122986

陈玺老师所言的量子计算机让人大开眼界,未来可能出现能研究意识形态的量子计算机更是振奋人心,而且目前我们可以将其运用于研究城市交通流量等实际问题,非常实用高效。王国中老师则讨论了奇点到来之时,我们将于何地会做些什么的问题。敢于创新,勇于探索未知,保持旺盛的学习精神可以为我们人类带来生机。相信通过我们不断的学习与思考,最终总会有合理的方法解决这些脑洞够大的问题!很庆幸能选到"人工智能"这门课。期待能修读两位顾老师开设的其他新课。

16124236

本节课前,我从未听说过量子计算机的存在,这节课给我带来了前所未有的冲击。陈玺老师讲解的内容有点高深,对我这种没接触过量子物理的人而言有些难以接受,只大概听了个皮毛。即使如此,我也觉得眼界大开。未来的人工智能很大可能会以量子计算机为支撑。上帝不会掷骰子,人类对于科学的认识,还只是管中窥豹罢了。

17120047

这是最后一次"人工智能"课,从"图灵到底灵不灵"到"人工智能和人类智能的关系",每次课让我从各位大神级老师那里学到了不少。陈老师谈到量子计算机会更好地帮助人类探索世界。王老师谈到人工智能与教育,未来的教育模式会变得多种多样,满足个性化需求。我还是觉得借由人工智能这种方式传授知识会有一种冷冰冰的感觉,人类和机器终究是不一样的。即使奇点来临,人工智能还是要为人类服务的。人类的好奇心和探索心还是会让人类前进，这一点和机器是不一样的。好奇心是人类的天性，即使人工智能代替了绝大多数工作，人工智能也不会自我生成关于好奇心的程序。

17120339

对于问题，老师们并没有给出标准答案，而是任由我们自己去思考。在我看来，这也是对已经经受了10堂“人工智能”课熏陶的我们的一种信任与考验吧。

17120491

陈老师提到的有关量子力学的问题引起了我很大的兴趣。量子力学对我来说一直是个神秘而充满吸引力的领域。虽然以我现在的认知水平还无法理解，但从陈老师所讲的量子计算机的强大程度来看，我觉得量子领域与人工智能的结合可能是未来发展的一个飞跃，而生活在牛顿力学领域中的人类要想驾驭量子领域，甚至是量子领域的人工智能，人类还需要付出巨大的努力。量子计算机给我们带来的好处也是极其可观的，这样看来，利弊皆有，这大概就是我们需要思考的如何处理人类智能和人工智能的关系问题吧。一方面我们需要并且渴望利用与控制人工智能，另一方面我们又不希望它强大到脱离我们控制的地步。就像王老师上课提到的，如果奇点真的到来，人类又应该以怎样的姿态去面对呢？人类真的能够解决好这些问题吗？这些都需要我们认真思考。

17120933

对比现在与30年前计算能力的差距，以及生活的变化，我对未来量子计算机及人工智能发展成型时的生活有一种向往，或许如“头号玩家”里的模拟世界真的能够出现在我们生活中？我们的意识也真的可以被研究？尽管课程结束了，但我对这方面的兴趣越来越浓厚了。

17120983

考试的最后一道题让我们彻底地开了个脑洞。

17120994

这门课的谢幕，对我来说并不是结束。它带给我的思考与脑洞，将一直伴随着我继续今后的学习……

17121591

从第一堂课到现在，我对于人工智能的认识先后经历了几个不同的阶段。从一次次传统的认知被颠覆，到一次次从不同老师的阐述与介绍中收获，这是一个奇妙的过程，也是一个脑洞大开的过程。

17121596

这节课陈老师讲述了量子计算机目前的发现状况，让我们对量子计算机的"快"有了新的认识。试想 10 000 比特的量子计算机如果有一天被制造出来，人类社会将会变成什么样子？王老师关于奇点的问题进一步撑大了同学们的脑洞。

17122024

这堂课上陈老师所讲的量子计算机无疑是十分高深难懂的，但即便什么也听不懂，我也震撼于量子计算机的强大力量。倘若在未来的某一天，科学家们真的实现了量子称霸，这对人类的未来一定会产生巨大的颠覆。对于奇点的到来，我也抱有很大的期待，并且我不认为在奇点到来之际，人类会被机器人吞没而成为它的奴隶。不管是人还是机器人，都必须遵守自然法则。

17122095

人类在进入高速发展的社会进步时，需要有高速运算的机器作为发展的桥梁，我们的未来又该是何去何从？当奇点来临时，又会有什么情况发生？这一切，等待着我们去继续学习，深入思考。虽然课程结束了，但我对于人工智能的学习不会停止。我希望能在不久的将来，找到这些问题的答案！

17122203

转眼间 10 周已经过去，课堂上的欢声笑语常常在我耳边回响。陈老师的讲话激情澎湃，听得我热血沸腾！如果说 Windows 是普通计算机的操作系统，那么量子力学就是量子计算机的操作系统。量子计算机、量子通信将会是史上最安全的设备和技术，其速度也比一般的计算机快得多。课堂上，陈老师还说当量子计算机的速率达到 1 000 比特时，甚至可以计算出人的意识！我感到十分不可思议，也让我对量子计算机有了更多的期待！王老师提到当奇点到来时，我们该怎么办？我所理解的奇点就是人工智能全面超越人类的时候。我们应该主动地提高自身本领，这样才不至于被时代所淘汰。从人工智能到量子计算机，一样样新事物不断进入我们的生活，未来究竟会是一个什么样的状态呢？

17122306

今天陈老师介绍了十分高深的量子技术与量子计算机，虽然只听懂了皮毛，但是我感到量子计算机大大颠覆了我对以往算法的认识，就像陈老师所说，我可能生活在"牛顿力学"的体系中，倘若我们接触"薛定谔方程”,许多计算就会变得容易。量子技术还可以研究人们的意识,我们课堂时常讨论的感性问题也能迎刃而解。王老师把我们拉近到了现实,告诉我们当今人工智能的局限,并教导我们如何在人工智能的道路上前行。

17122327

之前我对量子力学的印象,就是薛定谔的猫和一堆看不懂的复杂式子,对量子计算机也认为是很厉害的东西,但总觉得距离它的到来还很遥远。之前认为这个时代,哪个国家领先了人工智能的技术就会占据领先地位,这节课过后,我的脑子里只记住了一个词:量子称霸。其实,这两者并不矛盾,一个是硬件技术的革新,一个是软件算法的革新,两者相互促进。

17122466

最后一次课是一次完美的谢幕。首先提到了量子力学与量子计算机,听起来遥不可及又专业的名词实际上就在我们身边,并且可以摸得到、感受得到。科技的飞跃发展带领我们走向未来,那么当奇点到来之时,我们要做什么呢? 王国中老师为我们打开了脑洞,引发同学们想象。总体来说人工智能的前景十分广阔,未来可期。有幸选到如此有意义的课程,感谢各位老师们的辛勤付出!

17122541

这学期人工智能的收官之作,讲了量子力学和人工智能与机器智能、人类智能的关系。原来量子计算机离我们那么近,甚至我们在网上随时都可以使用。量子计算机惊人的计算能力也将改善人工智能的发展模式。王老师又将人工智能拉回了生活,讲述了如果奇点到来我们的学习、生活、工作将会有什么变化。奇点到来,我们会有奇妙的新生活。

17122634

“人工智能”这门课从各个领域出发,通过各种不同的观点碰撞来打开我们的“脑洞”,这些“脑洞”将促进我们开启对未来无限可能的探索。

17122893

纵观这10个晚上的课程,每一节课何尝不是一个创新? 每一次脑洞大开,每一次都是对自我的创新。我会带着这个脑洞,这份创新,继续走向其他课程。“人工智能”课圆满落幕。再见,我们相约秋季学期的“智能时代”。

17123125

本次课是最后一课,我很舍不得离开这个课堂。这真的是个奇妙的课堂，我从未想过自己可以用那样的思路去探索人工智能。最后一节课讲到了奇点，这个概念一直困扰我，感觉奇点是一个虚无缥缈的东西，不同的科学家对其定义也不同。在这堂课上，我新增了一点对奇点的认识就是，奇点可以代表一种社会变化的状态。但是念天地之悠悠，总会有一些东西是不会随着外在的东西变化的，比如情感，信仰。思考奇点到来，我们是不是也应想想如何坚守这些东西呢？

17123688

这堂课老师们带我们讨论了量子力学与人工智能以及关于“奇点”到来之前人类对于自身创新性的开发。到底该如何开发我们的创新思维呢？创新思维是否属于所有人？还是只属于一部分金字塔顶端的人？到底什么样的教育可以激发人的创新思维呢？

17123949

当人工智能与量子计算机相结合，会擦出怎样的火花？陈老师所言，人工智能的智能水平很有可能超越人类，量子计算机是希望是未来的发展方向，但是量子计算带来的新伦理问题更值得我们思考，人类是否还可以继续支配人工智能，人工智能达到什么程度才可以与人类平起平坐？也就是说人工智能的智能水平与人类无差别，那么它是否可以融入人类社会呢？伦理问题不解决又如何迎接未来呢？当奇点到来时，是否就是人类文明衰弱的开始是否我们人类也会被取代呢？所以无论说得有没有道理，都应该在事情真实发生前做好准备，人类文明的火种才可以不断延续。

17124015

从弱人工智能到强人工智能，当人类智能遇到了奇点，与机器智能之间会擦出什么样的火花？随着量子计算机的出现，一些原来无法解决的技术问题得到了解决，机器智能拥有了更强大的大脑、更高的平台去学习，人类智能只有通过与机器智能的合作，了解机器智能的利与弊，学会理解，才能进步。人工智能的未来近在眼前，我对人工智能的学习会继续，感谢课程让我打开了脑洞。

附录

课程成果与推广

附录一
课程安排[①]

一、图灵到底灵不灵?

时间: 2018年3月26日
教师: 郭毅可(英国帝国理工学院终身教授、数据科学研究所所长,
英国皇家工程院院士,上海大学计算机工程与科学学院教授)
顾　骏(上海大学社会学院教授)
张新鹏(上海大学通信与信息工程学院教授,国家杰青)

① 2018年3月26日,“人工智能”首轮开课,共十周。上课地点:上海大学宝山校区J102;上课时间:每周一晚第11、12节,经常会延后到第13节。教师按讲课时间先后排列。

二、人工智能是如何长成的?

时间: 2018年4月2日
教师: 武　星(上海大学计算机工程与科学学院副教授)
　　　骆祥峰(上海大学计算机工程与科学学院研究员)
　　　顾　骏(上海大学社会学院教授)

三、赢了围棋就能赢了人类?

时间: 2018年4月9日

教师: 孙晓岚(上海大学通信与信息工程学院副教授)

林仪煌(上海大学体育学院副教授)

张新鹏(上海大学通信与信息工程学院教授,国家杰青)

顾　骏(上海大学社会学院教授)

四、“小冰”作品的诗意哪里来?

时间: 2018年4月16日

教师: 胡建君(上海大学上海美术学院副教授)

武　星(上海大学计算机工程与科学学院副教授)

顾　骏(上海大学社会学院教授)

五、人工智能坐堂会让医生失业吗?

时间: 2018年4月23日

教师: 肖俊杰(上海大学生命科学学院教授,国家优青)
　　　李晓强(上海大学计算机工程与科学学院副教授)
　　　顾　骏(上海大学社会学院教授)

六、人工智能独霸股市下盈亏怎么定?

时间: 2018年4月28日

教师: 聂永有(上海大学经济学院教授)
　　　李晓强(上海大学计算机工程与科学学院副教授)
　　　顾　骏(上海大学社会学院教授)
　　　张新鹏(上海大学通信与信息工程学院教授,国家杰青)

七、智能与机器：约会还是结婚？

时间：2018年5月7日
教师：杨　扬（上海大学机电工程与自动化学院教师、无人艇研究院副研究员，青年东方学者）
　　　骆祥峰（上海大学计算机工程与科学学院研究员）
　　　顾　骏（上海大学社会学院教授）

八、机器人之间也有伦理关系吗？

时间：2018年5月7日
教师：谢少荣（上海大学计算机工程与科学学院研究员，国家杰青）
　　　顾　骏（上海大学社会学院教授）

九、中国机器人何时成为机器中国人？

时间：2018年5月21日
教师：顾　骏（上海大学社会学院教授）
张新鹏（上海大学通信与信息工程学院教授，国家杰青）
李　明（上海大学机电工程与自动化学院研究员）

十、人类智能与机器智能会是什么关系？

时间：2018年5月28日
教师：陈　玺（上海大学理学院教授，东方学者）
王国中（上海大学通信与信息工程学院教授，万人计划创新创业领军人才）
顾　骏（上海大学社会学院教授）

附录二
金句集萃——来自教师[1]

顾　骏

- 这门课不求结论对错，只希望同学们脑洞大开。
- 巨人都是等着被攀爬、被超越的。我们要站在巨人的肩上，更要做好准备，我们要做好准备，超越巨人。超越科学家的路径，不在知识，而在思想。
- 我们这里强调的是思想，而非知识。没有思想，知识没有来源，创造就会断流。知识来源于思想，像图灵这样的历史性人物，最重要的不是知识，而是思想。
- 超越思想从挖出其思想的预设开始。从思想起源上，找到自己的起点。
- 讨论最怕的是鸡同鸭讲，智能狗和狗智能对讲，永远讲不完。
- 不要把简单的对立变成非此即彼。世界上所有东西都有条件。真要比较，先把条件固定下来，再比不迟。
- 讲幸福，不要脱离环境，不要脱离前提条件，把它变成完全抽象的。幸福是很实在的，具有个人性、主观性。
- 拿人类智能乃至于其他的生物智能来与人工智能相比较，目的很简单，体现我们致敬大自然、探秘大自然的态度。
- 当我们来到世界科技发展最前沿，看到人类开始跳出牛顿力学来思考世界的时候，突然发现，在中国“道”的思想中，存在着某些因素，可以同今天科学最前沿的发现进行对话。

① 选自2017—2018学年春季学期“人工智能”课程班学生期末小结。

- 这门课一上来就给大家一个口号，你的脑洞够大，装得下这门课吗？这个口号并不是要同学们都去检测自己的脑洞大小，而是告诉大家，要利用这门课，努力扩大自己的脑洞。
- 真正进行比较，会发现一个规律性的东西，凡是人类已经搞清楚的，无论体力劳动还是脑力劳动，机器都有可能取代它。不能简单说脑力劳动或者体力容易被取代，而是已经被人类搞清楚的比较容易被取代，人类没有搞清楚的不容易被取代。
- 我们课上不是讲知识，而是引导大家思考。看上去很简单的问题，其实里面包含了一大堆问题。
- 我们今天只是给大家开启了这么一个窗口，从这个窗口向外张望，能看到什么，取决于同学们自己。
- 最后要告诉大家，装得下这门课不是我们的目的，把你的脑洞撑大才是这门课的目的。最后是否装下了，就反映出你的脑洞有没有被撑大，这个问题同学们带回去。带不走的部分，稍候就在你们的考卷上。

郭毅可

- 人工智能与人类智能是平行的关系，没有孰优孰劣。
- 机器智能可以有自己的人格体现。
- 图灵真的很灵，因为它从来不否认图灵不灵。
- 图灵测试给我们的启示在于，要找寻可解决问题的起点，而不是纠缠于定义，讨论结果的相似性，而不是直接通过下定义来判断，这也是一种行之有效的方式。
- 我们不应该将人工智能与人类智能做对比，“人工智能”是人类傲慢的称呼。目前的机器也具有智能，只不过与人类所拥有的不一样，可以称为机器智能。
- 科学发展的目的绝不仅是让人类生活变得更好，科学不是为了有用而诞生的，而是科学家们对于世界本源的思考，对于知识纯粹的追求所造就的。
- 人类智能与人工智能是平行的，我们不应该站在人类的角度去要求它，人类不是这个世界的主宰，不应该以傲慢和苛刻的姿态看待机器智能。

- 科学不是为了解决问题，而是为了探索未知。

张新鹏

- 人工智能时代即将到来，你准备好了吗?
- 相信中国思维会在未来人工智能的发展中起到重大作用。
- 对人工智能的看法不单在理工方面也可从人文角度去剖析。
- 低层能力的外化是历史发展的必然。

骆祥峰

- 人工智能并不完全依附于人类智能，其具有自己的机理、规律与特征。
- 思维智能、行为智能和情感智能是新时代下人工智能三大要素。

武　星

- 从心所欲，不逾矩。
- 认识不是印象，而是关系。
- 在未来社会，云计算是基础设施，大数据是生产资料，人工智能是生产工具。

胡建君

- 诗歌是人类文明的精华，血肉丰盈，情感丰沛，是机械的、冷冰冰的机器作品所无法媲美的。
- 机器写出来的诗词并没有情感的温度，只是词与词的拼接，由于阅读者的情感投射才产生了意义。
- 每一天的日升月落，简单而琐碎的日常生活，人与人在现实中的交往，素朴而温暖，平淡而实在，才是最大的诗意所在。

肖俊杰

- 人不需要学习大量的知识就可以学会。
- 我觉得未来医生并不会失业，人工智能即使会读片子，但它不会把脉，还不具备与患者交流的能力。
- 人脑有八亿个脑回路，而人工智能所开发的不及其冰山一角。

李晓强

- 将来是否可以有一天，把人的理解和推理能力，与我们庞大的知识库结合在一起？某一天大家可能不需要学知识了，锻炼思考能力就可以了。
- 作为人工智能的机器，它就可以利用这种方法来判断大众的情绪，从而进行反向操作来获利。

杨　扬

- 脑力劳动者和体力劳动者，谁更容易被机器人取代？
- 如行走、奔跑这些我们所认为简单易做的事情，机器人却难以实现。

聂永有

- 没有什么规则是可以永远限制一个拥有自我思想的物种的进步。

谢少荣

- 到目前为止，作为机器人的设计者、研发者，我们还是倾向于把机器人设计成偏向理性人，在这样的考虑原则下，我们对它进行研究开发。

李　明

- 人类始终智慧地去探讨自然背后的“发展之道”，面向未来，能占得先机也唯有得“道”。

陈　玺

- 量子力学在给科学、技术、通信乃至我们的生活等提供知识和支持的时候，其本身是晦涩难懂的，包括哲学层次上的问题，始终困扰着大家。你没有读懂量子力学，实际上是很正常的。
- 今天陈老师讲的量子计算机为什么牛？你只要记住一句话，量子世界的奇妙特性，比如态叠加、相干性、纠缠性等，会在物理信息过程中发挥出重要作用，并超越现有的经典信息系统的极限。

王国中

- 这门课的目的不在于往你的脑洞塞多少东西，而在于能扩大多少脑洞。成功是百分之一的天赋和百分之九十九的努力，而有时候百分之一的天赋却更为重要。

顾晓英

- 今天，你是否可以用诗意、诗话表达感受？因为你是有情感的。
- 反馈的过程，是你脑洞继续打开的过程。不要让刚刚打开的一点脑洞又马上封闭起来。这门课将不断地刺激你。

附录三 核心团队

课程策划与主持： 顾 骏

课程组织： 顾晓英

课程负责人： 张新鹏

课程Logo设计：米乐

附录四
教师风采[①]

顾 骏：上海大学社会学院教授，独立策划人和自由撰稿人。策划和主持“大国方略”系列课程，撰写《经国济民——中国之谜中国解》，主编《大国方略——走向世界之路》《创新路上大工匠》《创新时代 青春出彩》。喜好智慧研究，重点探究不同文化对人类基本问题的思考方法和解决路径，聚焦传统智慧的当代运用，著有《人·仁·众：人与人的智慧》《犹太智慧：创造神迹的人间哲理》《传统中国商人智谋结构》《犹太商人的智慧》，发表《天问：二元智能的一元未来》《“龙性”的补足：明道理与求知识》等论文。长期跟踪当代中国社会转型与公共治理，重点研究社会科学技术及其在社会治理中的运用，担任国家民政部等党政部门决策咨询专家和各类媒体的特约评论员，出版《社区调解与社会稳定》《流动与秩序》《活力与秩序》《和谐社会与公共治理——顾骏时评政论集》等。获上海市哲学社会科学优秀成果著作类一等奖等多项奖励，获2017年上海市高等教育教学成果奖特等奖。

① “人工智能”课程采取“项链模式”教学。首轮课程由上海大学社会学教授顾骏担任课堂教学主持并多次主讲。共有17位教授应邀担任嘉宾教师。这里展示授课教师名录（按到课时间先后）。照片全部选自“人工智能”课堂。

顾晓英： 研究员，法学博士，华东师范大学历史学学士、硕士，上海高校思想政治理论课名师工作室——“顾晓英工作室”主持人，上海大学教务处副处长。2007年起，率先启用并始终坚持推广思政课“项链模式”教学。2014年起，与顾骏教授结成“双顾组合”，联袂策划和经营“大国方略”系列课程。领衔首批国家级精品在线开放课程1门、上海市精品课程1门，主持教育部人文社科研究课题2项，出版专著《一身一任:高校思想政治理论课教师主体性研究》，独立编著《大国方略课程直击》《创新中国课程直击》《经国济民课程直击》《叩开心灵之门——思想政治理论课“项链模式”教与学实录》等书。论文发表于《中国高等教育》《思想理论教育导刊》《毛泽东邓小平理论研究》《思想埋论教育》等核心期刊。获2017年上海市高等教育成果奖特等奖。

郭毅可：1985年获清华大学计算机系工学学士学位，1993年获英国帝国理工学院计算机博士学位。为英国帝国理工学院终身教授、数据科学研究所所长，英国皇家工程院院士。首批上海市千人计划特聘教授，2015年被聘为上海大学计算机工程与科学学院院长。为中国计算机协会大数据专家委员会首批委员，中国科学数据总顾问，上海市、北京市、江苏省特聘专家，上海市产业研究院大数据首席科学家，维沃(vivo)移动通信有限公司人工智能首席科学顾问。英国皇家学院理事，国际数据科学顶级会议KDD2018的大会主席。在数据科学及其应用研究方面取得了一系列重要成果，作为项目负责人获得英国工程和物理科学基金委员会、英国国家医学研究委员会和欧盟基金会等逾1.3亿英镑的科研经费，具有极为丰富的组织多学科交叉大规模科研项目的经验和领导国际一流科研机构的能力。其领导的帝国理工学院数据科学研究所成果突出，已成为英国数据科学研究的重要中心；主持的数据经济实验室在区块链和虚拟货币上有许多开创性的工作，并和建银国际、海航集团等企业有很好的合作。其科研洞察力和国际视野在中国海外科学家中非常突出，在国际上具有重要影响力，是国际数据科学与人工智能研究的领军人物。

张新鹏：教授，博士生导师，上海大学通信与信息工程学院副院长。国家杰出青年科学基金获得者，入选上海市优秀学术带头人、上海市东方学者（跟踪）计划、上海市曙光学者、上海市浦江人才计划、上海市青年科技启明星（跟踪）计划。主持国家自然科学基金重点项目、国家863计划等科研项目30余项。发表论文200余篇，被引8000余次，2014—2017年连续四年入选中国高被引学者（Most Cited Chinese Researchers）榜单。获上海市自然科学二等奖（第一完成人）。担任*IEEE Trans. on Information Forensics and Security*等国际学术期刊的Associate Editor。

武　星：上海大学计算机工程与科学学院副教授。主要研究领域为人工智能，大数据挖掘，计算机图像、视频分析与处理。2008—2009年作为客员研究员在日本立命馆大学进行科研工作，2010年获得上海交通大学博士学位，2016年在澳大利亚阿德莱德大学进行博士后研究工作。主持国家自然科学基金项目1项、参与2项；主持省部级项目4项：高等学校博士学科点专项科研基金1项、上海市科学技术委员会科研计划项目2项、上海市教育委员会科研创新项目1项；主持重点横向项目2项，其余项目10余项。主编科研专著《大数据测评》，发表SCI/EI/ISTP索引论文50余篇，日本发明专利共同所有人1项，中国发明专利授权1项，申请15项，拥有软件著作权1项。

骆祥峰：研究员，博士生导师，上海大学计算机工程与科学学院副院长。2000年与2003年分别获合肥工业大学硕士与博士学位。2003—2005年中科院计算所智能信息处理重点实验室从事博士后工作。2012—2013年普渡大学国家公派访问学者。主要研究领域为海量信息智能处理、认知信息学与人工智能等。曾承担国家自然科学基金重大研究计划培育项目与重点项目，国家自然科学基金面上项目与青年基金项目；承担863重点项目理论研究子课题、973项目二级子课题、上海市基础研究重点项目与上海市教委重点创新项目等。

孙晓岚：上海大学通信与信息工程学院副教授、硕士生导师，美国亚利桑那大学光学博士，入选上海市浦江人才计划，承担多项国家自然科学基金项目以及上海市科研项目。

林仪煌：上海大学体育学院副教授，从事游泳、桥牌和棋类等体育项目的教学和训练，带领学生参加全国及上海市各项比赛并取得佳绩。

胡建君：作家，中国美术学院博士，上海大学上海美术学院副教授，上海大学中国书画研究中心副主任，上海美术学院新媒体文创联合工作室主任，文人书画与手工艺研究方向硕士生导师。已出版《飞鸟与鱼——银饰里的流年》《怀玉——红山良渚佩饰玉》《我有嘉宾——西园雅集与宋代文人生活》《陆康印象》《中国山水画通鉴之“超以象外”》《海上谈艺录之“泼墨真情画人生”》等作品20余部。

肖俊杰：教授，国家优青，上海大学生命科学学院副院长。*J Cardiovasc Transl Res*杂志副主编，*BMC Med*、*Cell Transplant*、*J Thorac Dis*和*Biomed Environ Sci*杂志编委，上海大学学术委员会委员，中国康复医学会心血管专业委员会常务委员，中国生物物理学会代谢生物学分会理事，中国病理生理学会心血管专业委员会青年委员；国际心脏研究会（ISHR）中国分会青年委员，中国医疗保健国际交流促进会精准心血管病分会青年委员会副主任委员。代表性论文发表在*Nat Commun*、*Cell Metab*等杂志。主持国家自然基金3项、上海市教委重大创新项目1项。主要研究领域：心力衰竭的综合干预和风险预警策略。

李晓强：博士，副教授，博士生导师。上海大学计算机工程与科学学院机器视觉实验室负责人，ACM和IEEE会员，CCF（中国计算机学会）高级会员，上海市计算机学会多媒体委员会主任。主要研究方向为机器学习与计算机视觉、图像处理与模式识别、视频内容分析与理解。近年来，先后在国内外期刊和会议发表论文60余篇，申请或授权专利6项，主持和参与完成国家级、省部级、重大横向科研项目20余项。2013年获得中国国际工业博览会高校展区三等奖1项，2015年获得上海科技进步三等奖1项（机器视觉领域），2017年获得上海市高等教育教学成果奖一等奖。

聂永有：教授，博士生导师，上海大学经济学院常务副院长（主持工作），上海大学产业经济研究中心主任，上海市商业经济学会副会长，中国高校商务管理学会常务理事兼副秘书长。主要研究领域为产业经济、资源与环境经济。近年来，主持中国科协战略规划项目、教育部人文社会科学规划项目、上海市政府决策咨询重点课题、上海市哲社规划课题等多项。出版《大国崛起的新政治经济学》等专著，编著教材、译著等20多部，发表学术论文50多篇。获上海市哲学社会科学优秀成果著作类一等奖等多项奖励，获2017年上海市高等教育教学成果奖特等奖。

杨　扬：上海大学机电工程与自动化学院特聘副研究员，上海市高校青年东方学者，入选上海市青年科技英才扬帆计划。2015年3月于日本立命馆大学取得博士学位，2015—2016年在日本东京工业大学从事博士后研究，2016年3月回国到上海大学任教。在日本工作期间先后参与了多项具有代表性的研究课题，包括日本国立研究开发法人新能源·产业技术综合开发机构（NEDO）重大专项课题"大坝探查机器人研发""桥梁探查机器人研发"，日本文部科学省课题"野外机器人信息化机械系统基础技术研究"，东芝企业研发中心课题"气动人工肌肉驱动轻型仿人灵巧手研发"等。发表学术论文30余篇，多次获得IEEE等国际会议最佳论文奖及提名奖。

谢少荣：研究员，博士生导师，国家杰出青年科学基金获得者。上海大学计算机工程与科学学院副院长、海洋智能无人系统装备教育部工程研究中心主任、上海大学无人艇工程研究院副院长。主要研究领域为机器人与智能系统的研究与应用，包括海洋无人艇技术、多自主机器人协同控制、智能技术与系统等。以第一完成人获国家技术发明二等奖、上海市科技进步一等奖、上海市技术发明一等奖等，先后入选科技部中青年科技创新领军人才、上海市领军人才、上海市优秀学术带头人、曙光学者、启明星及跟踪等人才计划。

李　明：上海大学机电工程与自动化学院研究员、博生生导师，兼任中国计量测试学会几何量专业技术委员会委员、全国产品几何技术规范标准化技术委员会委员、上市公司独立董事。主要研究领域为产品几何质量设计控制及标准化技术。承担国家863和省部级科技攻关项目多项，主持上海市精品课程1项，出版学术专著3部，公开发表学术论文180余篇，拥有发明专利40余项。多次获得上海市科技进步奖、上海市高等教育教学成果奖等。

陈　玺：教授，博士生导师，上海大学理学院副院长，上海高校特聘教授“东方学者”。主要从事量子光学和量子调控研究，包括量子绝热捷径及其应用和受限小量子体系中量子行为及操控。发表SCI论文100余篇，其中，*Nature Comm.*1篇，*Phys.Rev.Lett.*论文5篇，被引1500余次。先后入选上海市曙光、浦江、青年科技启明星（跟踪）和晨光人才计划。主持国家自然科学基金3项。入选*Scientific Report*编委。近年来，研究发现了受限小量子体系中与波动性有关的新现象和新效应，并提出了量子绝热捷径技术，为不同量子体系中能级、波函数的调控提供了新方法。量子绝热捷径技术得到了M.Berry等人的高度评价，部分理论获得了Pisa大学、Nice大学等国际同行的实验验证。

王国中： 博士，教授，博士生导师，国家首批“万人计划”创新创业领军人才，上海市劳动模范。长期从事视频编解码与多媒体通信理论研究和应用。先后获得国家科技进步二等奖2项，部级科技进步一等奖2项，上海市科技进步二等奖、上海市技术发明二等奖各1项，作为主编和副主编编写科技著作2种；在国内外杂志发表论文60余篇，申请专利30余项。

附录五
媒体推广

1. 首堂课刊登上海大学校园网首页，2018-3-27

2. 我校首开育才大工科“人工智能”通识大课，上海大学（第917期），2018-4-9（01）

上海大学

Shanghai University

严隽琪来校调研

“蓦然回首，那人却在灯火阑珊处”

我校举行校院两级中心组学习传达全国“两会”会议精神

我校首开育才大工科“人工智能”通识大课

延长校区建设改造工程项目开工

上海大学

Shanghai University

回望五年来历程　喜迎党代会召开

“人工智能”公开课暨“课程思政”教学论坛在校召开

上海大学古代文学学科高峰论坛（第一期）举办

以顶尖科学家及其创新团队为核心　全面提升科学研究和人才培养质量

——理学院践行国际化战略纪实

我校举办首届安全文化节

研发与创新：研究生的学以致用

3. “人工智能”公开课暨“课程思政”教学论坛在校召开，上海大学（第923期），2018-5-28（01）

4．“人工智能”公开课暨“课程思政”教学论坛在上海大学召开，社会科学报网站，2018-6-2

“人工智能”公开课暨“课程思政”教学论坛在上海大学召开

5月21日至22日，响应新时代，打造精彩课堂——“人工智能”公开课暨全国高校“课程思政”教学论坛在上海大学召开。上海大学副校长聂清出席论坛并致辞，高教处副处长赵丽霞发表讲话。数十名专家学者参加观摩课、出席教学论坛。

上海大学校党委常委聂清副校长、上海市教委高教处副处长赵丽霞、上大组织部部长王军华、党委宣传部部长胡大伟、教师工作部部长曹为民、社会科学学部党委书记余洋和教务处处长彭章友等出席会议。《思想理论教育》常务副主编曹宁华、贤云教育科技公司王云开和新华社记者吴振东以及来自上海市教委、上海社科院、复旦大学、同济大学，华东师范大学、上海外国语大学、东华大学、山东大学、上海应用技术大学、南开大学、西北工业大学、天津科技大学、南京理工大学、合肥工业大学、北方民族大学和上海大学的专家学者与会。

5. 全国高校课程思政骨干教师研修班在西宁开班，中国新闻社，2018-7-28

中国新闻网 | 青海
www.qh.chinanews.com 2018年8月10日 星期五

网站首页 青海要闻 海外刊青海 中新记者在青海 青海视频 短视频
政企 社会 产经 体育 文娱 科教

新闻热线：0971-6263111 投稿信箱：cns0971@163.com

您所在的位置：主页

全国高校课程思政骨干教师研修班在西宁开班

2018年07月28日 12:44 来源：中新网青海

中新网青海新闻7月27日电（孙睿）为深入推动党的理论创新成果进头脑，全面落……“三全育人”，7月26日，青海师范大学、北京世纪超星信息技术发展有限责任公司联袂举办全国高校“课程思政”骨干教师研修班，特邀具有课程思政丰富经验且已取得丰硕成果的上海大学“大国方略”系列课程教学团队负责人及骨干教师前来举办校外辅导活动，指导学员把握课程思政理念与实操方法。来自吉林、广西、江苏、浙江、上海、四川、贵州、青海等几十所高校190余名教师参加此次研修活动。

青海师范大学党委副书记梅岩致欢迎辞，希望与会领导、专家更多地关心、支持青海师范大学的发展，为该校思想政治理论课教师的成长搭建学习和交流平台，为该校的学科建设建言献策，为进一步开创我校思想政治教育新局面。青海省教育工委思政处王利处长介绍了青海省高校“三全育人”的总体部署与立德树人根本任务的落实情况。

上海大学“大国方略”系列课程教学团队负责人“双顾组合”顾晓英研究员和顾骏教授率骨干教师许春明教授、刘寅斌副教授和王思思五位老师分别以“从大国方略到人工智能：上海大学课程思政的成效与经验”、“课程思政的设计理念与实施方法”、“专业课如何参加课程思政——以‘创新中国’为例”、“课程思政的教学组织——以‘创业人生’为例”、“专业课如何思政化——以‘时代音画’为例”作了主题报告。报告间隙，学员们还与上海大学“大国方略”教学团队就课程思政的理念与具体实践等作了面对面沟通与交流。

近年来，上海高校推行的“课程思政”教育教学改革已经走向全国，形成了思政课老师爱上、学生爱听，专业课教师能讲、学生喜欢的入耳、入脑、入心的良好生态。

本次青海师范大学邀请“双顾组合”率教学团队来宁，加强了高校间的沟通与交流，让上海大学课程思政建设成果推广到更多高校，带动全国更多高校的更多教师积

6. 自媒体：“顾晓英工作室”公众号，微信号：gxy-studio

微信扫一扫
关注该公众号

附录六
在线课程

2018年9月，“人工智能”在线课程由超星集团上线尔雅在线开放平台。敬请关注，欢迎选课。

课程出品人：顾　骏　顾晓英

网址：http://mooc1.chaoxing.com/course/201586643.html

附录七 项目和基金

1. 上海高校思政课名师工作室“顾晓英工作室”（2016—2018），顾晓英，2016—2018年。

2. 高校课程思政教学科研示范团队——上海大学“同向同行”系列课程“顾骏团队”，2018年。

3. 全员育人：“同向同行”的平台设计与教师组织——以“大国方略”系列课为例，2017年度教育部人文社会科学研究项目之“思想政治工作专项”，顾骏，2017年。

4. 上海市高校课程思政整体试点项目，上海大学，2018年。

附录八 异想天开——课堂提问[①]

1. 机器智能和人类智能并不能在同一个范畴比较。但是人类智能可以做出机器智能。今后机器智能发展到一定的境界，机器智能是否可以制造出人类智能？两种人类智能之间，就可以放在一个可以比较的范畴了？

2. 我们创造机器是为人类服务。我创造了一个机器，这个机器创造了目前世界所没有的东西。这个东西给我们的世界带来了发展，到底是它的智能给这个世界带来发展？还是我们的智能给世界带来发展？是否可以理解为机器智能就是人类智能？

3. 如今先进的机器学习距离通过图灵测试还有多远？有没有可能存在故意不通过图灵测试的“人工智能”？机器和人类之间的沟通会不会存在个体之间的差异？我们要通过怎样的方式让人类与机器更加和谐相处？

4. 很多机器智能都来源于人类事先输入的算法或程序的组合与检索。机器究竟承起于人工智能，还是人类在进化过程中脑海里进化出了一套精密复杂的算法？未来如果机器智能能衍生出高级的智慧，是否会走这样的进化路子？

5. 机器智能包括行为能力和情感能力？我们谈机器情感智能时，是基于什么概念去谈的？立足于怎样的点？以人类情感定义谈机器智能，还是从机器本身对自己情感有一个自己的智能？

6. 我们人类有感情。但计算机是通过编程决定它的计算结果。有没有可能在它生气的时候，让它的整体速度变慢，高兴的时候又变快，做出这种调控呢？

---

① 这里选取部分学生课堂提问。由于学生提问是即兴的、脱口而出的，故难免字句组织得不是很顺畅，有的问题题面本身语焉不详。编著者梳理了有语病的字句，尽可能地保留了原生态。不知这是否能算得上是学生的一些“脑洞”？

7. 为什么机器智能只能解决具有完备性系统的问题，不具备完备性系统的问题，机器智能一定不能解决吗？人类在进行创新行为的时候，也没有办法把所有的样本都学习完，但是依然完成了创新的过程。机器为什么不可以完成这个过程？如果说，哥德尔和图灵，因为否定了完备性和相容性，进而否定了Hilbert计划，是不是像我们第一节课所讲的，这是人类的一种自大？现在是否有人正在进行这方面的研究，他们的基本方法是什么？

8. 人工智能应该定义为机器智能，这是两种不同的思考方式。我觉得我们不应该把人类的感情强加到机器智能上。感情是什么？思想是什么，我们自己也没有完整的定义。为什么小冰要写诗？我们为什么要让AlphaGo下围棋？这对我们将来生活有什么作用？

9. 人工智能可以有自我意识吗？有没有可能让它产生自我意识？

10. 有的同学平时不学习，考试的时候拼命，最后考了4.0。他虽然对书中的定义不是很了解，但是拿了4.0，学校看起来他就是4.0。如果机器人任何一个角度都可以模仿人，虽然他不是人，但是我们还是把它当人。它本质上是不是人无所谓，可以以假乱真，如果每个角度都像人，它是不是就是人？还有，这种事情是不是条条大路通罗马？机器人和人不是一样的计算方式，但是可以得到与人一样的结果。

11. 现阶段机器人的作品生成类似于命题作文。机器人到底有没有创造性？算法和思维的界限在哪里？对素材的组合和拼接是不是一种创造？

12. 人为什么要写诗？我们为什么有情感？我们为什么要进化出情感？我们为什么会感觉到美？能不能说一首机器创造出的诗或者是一幅画也是自然的？

13. 我们以前需要记忆一些东西，当发明了计算机之后我们放弃了一些技能，不用再记这些东西了。医生还需要看1000页的书，去学这个技能吗？现在有了看片的人工智能，我们就不需要学那1000页书了。随着其他医学方面人工智能的发展，是不是有很多1000页的书我们都不用学了？这样，医生的技能会不会越来越弱？

14. 现在世界上存在着不同的国家和地区，如果不同国家和地区的人工智能运用不同的算法，它们之间是否会产生冲突？每个国家和地区都有一些资源是缺乏的，他们之间是否会发生冲突？

15. 我们对人脑的了解还不足千分之几。这样的前提下，人工智能有一种与医学相关的技术叫脑机接口。在我们对人脑了解不到千分之几的情况下，脑机接口技术的前景可观吗？是以什么样的情况存在的？

16. 体力劳动工作、脑力劳动工作哪个更容易被人工智能替代？机器模仿人要做一些动作，当然很困难，人不可能模仿猎豹跑，猎豹也不可能像人一样走路。像机器人叠毛衣，它可能有一种自己的方式，而不像人类。为什么我们不是设定一个结果，设计一个适应它的算法，而不是像人类活动一样地去完成，是不是这样的体力劳动比较容易被替代？

17. 为什么大雁团队合作那么好，但最后掌控世界的还是人类？团队合作和个人发挥个人的主观能动性，哪种更好一些？

18. 机器学了所有的东西，变好变坏，要看它处于怎样的环境、怎样的文化氛围。机器人怎样才能变成机器中国人？以后在深度学习的过程中，它的算法中会不会包含一些具有文化属性的东西？它有足够高的智能之后，要通过与人交流才能由中国机器人变成机器中国人？这个过程如何实现？

19. 我们需要人工智能来干什么？我们需要它创造新的知识。……我们能不能用中国的精神、中国的文化突破这个规则，用人工智能创造新的知识？

20. 刚才老师提到了"道理"，在人工智能领域，道理会不会就是一种类比或者是总结？跳出系统进行思考，就像我用数学表述，在系统里面让人工智能思考很容易，给一个推导公式，你可以让机器算出来1、1、2、3、5、8、13，但是给人一堆有限的数字，比如1、1、2、3、5、8，或者更少，1、1、2、3、5，这几个数字本身排列起来没有什么关系。人可以从中总结出这是一串斐波那契数列。人工智能能不能做到这一点？

21. 人工智能可以学尽自古以来人类所有知识，态度是什么样的？这个知识是否也包括哲学社会科学的知识？从历史上来看，存在着丛林法则与零和博弈，也有追求和合的。如果机器人把这些知识都学到，就会很"薛定谔"。对于知识的界定，如果只包括纯粹的自然科学，可能它不采取倾向。但如果再加上各种哲学，我们应该考虑到历史上人类自身的投射。人类过去所采取的态度，就是未来机器人学到这些东西可能会采取的态度吗？

附录九 课程体验——源自学生[①]

一、感想

1. 每次都有不一样的惊喜。

2. 第一次能够在一堂通识课上感受到各个学院教授们的分享。

3. 在教授云集的通识课里，发现许多学科的有趣交叉。

4. 这门课最特别的有两点：一是请到了学校各个学科领域的优秀教师，知识博而广，使人受益匪浅；二是鼓励不同的观点和声音，消解心中的存疑。

5. 很多全新的视角让我看到不一样的思考方式。

6. 大咖们厚积薄发，深厚的积累带给我们通俗易懂的教学。

7. 我们很容易只局限在自己感兴趣和熟悉的领域，探索也只能是封闭的。在这门课上，我们能接受来自许多不同领域的观点，能够扫除被我们所忽视的盲点。

8. 颠覆了我对大学课堂的认识。

9. 每堂课都有独特的亮点，我看到不同的思考方式，不论是来自讲课的老师还是回答问题的同学。

10. 各位大咖轮流讲解自己的观点，之后再互相辩论，这是开放性的教学；所有学生都可以自由思考并提问，这不是传统的课堂教学。

① 这里的课程体验，不同于每次课程的内容理解，是课程班学生对整个课程的学习感受。摘录自课程班微信群。

二、收获

1. 这门课程使我“脑洞大开”，对未来人工智能的发展充满想象。

2. 每堂课前，顾老师都会问：你的脑洞够大，装得下这门课吗？我不停地在挑战自己脑洞的极限，让人工智能刷新自己的认识。

3. 一个技术上的问题，竟然可以从人文学科的角度给出完全不一样的解释。

4. 最重要的是让我看到现在人工智能发展存在的种种局限，看到了人机共融的巨大潜力，让我对今后未知的领域有了更多的期待和敬畏。

5. 颠覆了我对于人工智能的固有认识。

6. 以前对于人工智能的思考只是从专业的角度，而现在有了更深层次的从哲学的角度和从其他专业的角度的思考。明白了人工智能的发展并不是简简单单的计算机学科的东西，而是多学科交叉的结果。

7. 人啊，不要太傲慢了。

8. 每次上完课总能激发我对于人工智能领域的思考，并比较人工智能和人类做同一件事情的优点和不足。

9. 知道不存在“人工智能”教科书上写的“正确”观点。

10. “幸甚妙哉”：“幸”是我很幸运能够选上这门课，这门课也让我脑洞大开；“妙”便是课程让我了解到了我之前不曾知道的事。

11. 恐惧源于无知。我从最初对人工智能怀着悲观和恐惧的态度变为如今的乐观和好奇。

12. 课堂如同“滚棉花糖”。以人工智能为中心问题，从不同领域深入展开，使我们的思绪如绕糖丝般旋转，给予我们新的知识和眼界。

13. 人工智能的形象，从单一的点逐渐延伸、拓宽，不断地丰富，惊喜地发现了一个多维的人工智能。

14. 每次课的总结，顾老师的点拨总能让我大吃一惊。他的总结极具思想。

附录十
奇点畅想①

16121916

奇点到来之前，我在哪里，在干什么?

我认为目前，距奇点到来还有一段不小的距离，但这一距离也不会太长。

那么，站在这个“量子计算机的最后一公里”的地方。现在的我在做什么，未来的我在做什么?

正如王老师在课堂上所讲，我目前仍然缺乏的是质疑精神和提问的能力。因此，我会在这一方面着重提高。在学习专业课时，我定会消除以前的“听懂最好”的幼稚思想，而要反思其背后的原理并及时请教老师。另一方面，由于我的专业是通信工程，我在大学期间定会主动学习人工智能的相关知识，并将“人工智能”课堂上所开的一些脑洞在实际操作和学习中得到解答。奇点到来之前，现在的我在大学锻炼反思能力和学习品质，为以后做准备。

奇点到来之前，未来的我在干什么?

未来的我将会亲手、亲眼、亲身地实现“奇点到来”，在谢老师讲“机器人也有伦理关系吗”一节课的内容中，顾老师笑着对我说：“是不是很羡慕?”我的回答是肯定的，其实这也正是我未来所希望做的。既然现在的我已经如此努力奋斗，那么明天的我或许真的有可能实现我的理想。

回到问题，“奇点到来之前，我在哪里，在干什么?”我的回答是：我在我应该在的地方，为了一个共同的目标而努力。而这个目标是一个宽泛的概念，并不是指一个专门研究领域和研究方向，而是对未知世界的不断探索，保持永如儿童一般的好奇心和想象力。

① 这里选了几篇最后一课学生随堂即兴写成的“奇点畅想”。编著者改正了错字和错句，其他文字均保持原生态。

我无法确切想象，我究竟在从事什么、做什么研究，但唯一确定的是，奇点到来之前，我有着永远的热忱和希望。

16122431

我原来一直以为奇点离我们很遥远。但是，结合我课后所阅读的书籍《奇点来临》与陈老师课上所讲的量子计算机飞速的发展，我感觉奇点来临离我已经不再遥远，甚至很近。

结合我们所学的专业与“人工智能”课上所学，当奇点来临之时，也是我所在的公司研发的仿真脑突破瓶颈研发成功的时期，那时候量子计算机早已遍及每家每户，服务业、会计、销售等行业都实现了无人智能化，人工仿真脑的研发就是建立在这样的一个社会背景下。因为人工智能的存在，人类的大部分精力得以不被分散，而去从事科研工作。近五年创造的科技总和早已超过了人类从诞生至今的总和。于是人类提出了一个新的大胆想法，让思维永生。

让思维永生，这就促生了仿真脑的研发，即利用人工智能去分析人脑的结构。用量子技术去仿造人脑的结构，每一个神经元之间用量子通信维持，再通过遗传算法将人的思维传入仿真脑实现思维的永存。随着我们对于10万比特量子计算机的研发成功，我们仿真脑攻坚的最后一步：实现神经元之间的量子通信终于研发成功，当然这也是人类团队与人工智能团队共同研发的成果。

为什么说仿真脑的成功意味着奇点的来临？因为这意味着人类智慧与人工智能的完全融合，不是谁超过了谁，而是融为一体，思维共生。早期的人类与人工智能的合作还是局限于相互交流、沟通、互传数据。现阶段，仿真脑的出现将人类的思维之长与人工智能的计算储存之长无缝衔接在一起，人类将会实现“思维永生”的计划，到时候每个人既是人类，又是人工智能体。

想到仿生脑，想到共生与融合，是因为人类与人工智能的相互交互、相互促进学习是一种必然的趋势。郭老师教我们要摒弃人类的傲慢，要学会与人工智能“沟通交流”，人类与人工智能不是“你死我活，你赢我败”的关系，他们一定是相互融合、相互促进的关系。

17121184

首先，个人所理解的“奇点”，在AI语境下，当机器智能能力跨越这一临界点之后，人类智能的知识单元、思考和行为能力，将旋即进入一个加速井喷的状态。一切传统的、习以为常的理念、认知不复存在，新的智能体——人机融合的超级智能行将苏醒。

作为一个普通寻常的个体，我将在哪里、做什么？首先，要假设我还活着！这看似是一个冷笑话，但这个前提假设却大有来头。

首先，需要跳出原有的“职业”范式。既不是单纯思考机器会不会取代我的工作，我会做什么工作，最基本的问题就是，我以何种形式活着。

我深受第一课“图灵到底灵不灵”中郭老师与顾老师争论的启发。参考课外资料后，我认为未来人与机器之间的界限很可能归于消弭的，换言之，人机融合能否创生新的智能？它们以何种途径融合呢？

我的想法是“云”，也即人的外化投射。我们的身体毕竟脆弱，大脑容量、潜力都有限。量变引起质变。或许通过将部分思维“外包”给“云”，我们的大脑将产生非生物智能。这种“云”的形成与扩展将成倍地放大原有的能力。

我乐观地相信，将人类层面的复杂认知与机器的精确运算相融合，得到的将是整个宇宙。人类的独特之处在于我们创造工具，而工具让我们走得更远。

17121608

奇点到来之时，我在中科院从事量子计算机信息加密的相关工作。

量子计算机在进入21世纪以来取得了飞速的发展，我们不断实现关键技术的突破，将理论一步步变成了现实，量子计算机超越了传统计算机并在我们的日常生活中得到大面积推广。

由于量子计算机突出的特性，使它的信息破解成为一个难题，但这并不意味着我们不需要保护信息安全，信息安全对个人、企业乃至整个国家尤为重要，一旦遭到不法分子的破解并利用后将会给我们造成不可挽回的损失，因而我目前从事的信息加密与安全工作就显得尤为重要了。

我每天工作的内容就是保护国家数据库不被他国或者个人攻击，因为这涉及整个国家的信息安全，我必须格外小心。就目前的量子信息加密来说，我们所做的还有很大的进步空间，人工智能结合量子计算机极大地方便了我们的生活。但这也加大了信息泄露的可能性，人工智能毕竟是用程序代码写出来的，难免会有一些漏洞，利用这些漏洞就可以攻击我们的系统，从而威胁到我们的信息安全。信息加密的一个重要工作就是查找并修补漏洞，我们会利用相关人工智能技术自动地对信息系统作出检测，从而判断是否有漏洞并修复它。

总之，我的工作具有重大的意义，我会为了整个国家献出我宝贵的青春，为我国量子信息加密领域开疆拓土，做出应有的贡献。

17122109

奇点到来时，我可能会在家里构思我想拍的电影。在奇点到来时，人工智能已经与人类相等或超越人类。世界上很多的工作都可能由人工智能机器人来代替，但唯独一点，创造与发明，艺术与审美，可能说是人工智能比不上人，但起码在这方面，是没有优劣好坏之分的，所以大家都可以做自己喜欢的事。

我在家构思好剧本与拍摄方式，把剧本给他人或人工智能机器人“朋友”审阅，大家相互探讨与改编，各抒己见，再把这样的剧本交给片场的人工智能摄影师、剪辑师，也可能会有人工智能演员来参与这个项目。因为那个时代到来时，我们人类可能与人工智能差不了多少，应该说的是，人工智能可能作为一个种族族群与人类一起生活着，我们可以利用它们的高准确性来完成一些基础性的事情，它们也不会“觉得累”。并且人工智能奇点到来时，我们人类应该能与它们平等交流思想。

伴随着奇点的到来，应该也会出现人工智能演员。它们的表演也能与人类一样真实、动人。

诸如剪辑、摄影的这样工作，给人工智能说明了，它们也能发挥它们的错率低、稳定的特点，来帮助我们完成一些琐碎之事。

我相信人工智能奇点的到来是必然的，既然人有这种思想，那么我们也能将思想受制于机器。而那只是时间早晚的问题，取决于科技能力。

而科技能力，如今的人工智能在各个领域，写诗、股市、思想等方面都有突破，况且最后一门课时老师让我们认识到“1，0”的信息储备能力已经到了四维，是翻了一个次方。

人工智能的发展前途是光明的。奇点的到来也应是能够实现的。

17122327

我觉得我可以在世界上的任何一个地方：可能是电脑前、研究室里，甚至也可能在椅子上喝着茶，但我在做的事一定是关注着人工智能的最新发展消息，而且身边一定也充满了AI。

我是一名即将面对分流的大一理工学生，我的第一志愿一定是“智能科学与技术”，我今后的职业也一定与此相关。不是因为人工智能很火，不是因为听了这门课，而是因为感兴趣，我才选了这门课。第一次接触人工智能，就对“学习”这一技术无比向往与痴迷。AI的研究将是我的职业。奇点到来那一刻，如果我还在世，我一定关注着它。

我曾经观察过一些职业，促生了我想做的两个AI方面的研发：一个是“法律AI”在法庭上，有原告与被告的发言，一个大屏幕上将同时显示出支持他们观点的法律条文，和对此不成立反对意见的法律条文。但是最后一节课上，老师提到重庆一家公司，已经研究出了相关的律师AI。我有些失落。

我还有第二个想法，在高考志愿分流选专业时，有些科目会写着“色盲色弱者禁选”。我想利用计算机视觉的原理，做出一个在各种光线环境下可以检测出颜色的机器（可以用RGB数值，在一定区域内定义颜色类型与色弱者交互）来取消这专业对人视力的要求。

也许这两个例子都做不出来，或许都不是我能做成的。但我想表达的是从现在到奇点到来之前，甚至之后，我会在随意一个平常想到的或想不到的地方，观察着人类生活，并思考着关于人工智能使用的方法。（或许那时人工智能已经成为一个普遍的工具，就像编程解决问题一样，我可能会在生活的每一个角落中，想着如何使用它）。

那时我的身边，可能充满了AI技术，可能我的电脑用的是现在很少研发商用的AI算法芯片；可能我坐下喝的那杯茶，是我一进店门，AI识别根据我的习惯数据自动为我点的；可能我出行时我的AI助手已帮我预定好了无人驾驶出租公交车，也许那时没有私家车，满大街都是那种自动开往目的地的“车”，可能……

那时我在哪里有太多可能，但肯定的是不论我在哪里，我一定在从事或者关注着AI的工作，身边的大部分物品，都嵌入了人工智能。

17121900

奇点到来之时，毫无疑问人工智能随处可见，我们的生活中人工智能已经不可或缺，它们与人类的关系已经超越了人与人之间的关系。

我会安逸地居住在一个完全由机器制造的楼房里，与人工智能进行各种娱乐活动，围棋、象棋人类已经无法战胜人工智能了，只能在体育运动中获得少许胜利的快感。人工智能与VR技术已达巅峰，我可以身临其境地参与一战、二战甚至星球大战，我可以在任何我想去的地方，不论是真实的还是虚幻的，我可以与李白月下对诗，也可以与巴菲特探讨股市，当然这一切都是人工智能。

生活中，人工智能可以完全地取代人类做体力活。不论我何时何地需要什么，人工智能都能自动寻找最佳方案并且达到我的要求，甚至可以直接打印出我脑海中所想的东西。因此我可能会越来越“懒”，但我的思维会飞速运作，我会从事更高端的智能研究，并且将探索未知领域到外太空，人工智能方便了我们，我们也要在人工智能无法实现的领域上更加努力，这样才能推动人类文明的发展。

那时候将不会有医院。人工智能机器人拼命工作，感应器不停检测我的呼吸，以发现癌症的早期现象，而纳米机器人会在我血液里游来游去，在我的大脑中消耗空斑，在它们让我的中风或心脏病发作之前，就能溶解血液凝块。当我生病时，机器医生会把症状与数百年里成千上万的病例相匹配。甚至可以编辑人类的DNA，用有益的基因修复它们，我们人类将不再受到疾病的束缚。

此外，我可以在新的世界里寻找爱情。我想要约会时，我的智能机器助手会在云里搜索几个可能的约会对象，供我选择，之后便有一个人工智能的“对象”与我共进晚餐，并且积极探索我的爱好，为下次约会做参考。

我可以阅读任何我想读到的不同风格的书，人工智能可以模仿出我所喜欢的作者的写作风格，然后自己创作出类似的作品，并且在我读书后与我谈论对书的看法以及我最喜欢的人物，就像是与一个朋友交流读后感想。

人工智能时代，我唯有找准目标，把握好方向，与人工智能共同进步。

17120339

奇点到来时，我可能作为一名软件工程师、人工智能研究者，正处于变革风暴的中心。也许奇点会对其他的职业市场造成冲击，但在我看来计算机相关从业人员受到的影响将微乎其微。由于“罗素悖论”的限制，人工智能会永远需要人类为它们的程序进行调试与检测，因此我认为我的职业并不会有多少被动。但是奇点到来的社会性影响将是不可避免的，也许会有大量的人因人工智能的涌入而丢掉自己的饭碗，社会也会因此而变得动荡不安。

那些反抗人工智能、被剥夺工作的受害者可能会形成组织，发起抗议。但我觉得这一切都是社会与科技发展的必由之路，是不可避免的。也许在这次革命中，更多的人会被取代，社会的反响会更为强烈，但同时人类也会向美好的未来跨出更大一步。

“人工智能”课的每一堂课，是提供给不同领域从业者面对奇点时的一份指南。举例来说，文学从业者有“小冰”要应对，社会学研究者有蜂群智能应对。而在这两节课的结尾，老师都为我们分析了人工智能在该领域相对于人类的长处与短处，这又何尝不是在为我们度过奇点危机指明方向、提供方法呢？

17122060

奇点到来之时，我想我已经步入中年甚至老年了，那时，我可能会在实验室里从事有关人工智能与机器人的研究工作，并亲眼看见自己创造出来的机器人拥有了自我意识……

到那时，严格生物学意义上的人类将不复存在，人工智能将超越人类智能，储存在云端的“仿生大脑新皮质”与人类的大脑新皮质将实现对接，世界将开启一个新的文明时代！

当智能机器人的能力跨越这一临界点后，人类的知识单元、链接数目、思考能力，将旋即步入令人眩晕的加速喷发状态——一切传统的和习以为常的认识、理念、常识，将统统不复存在，所有的智能装置、新的人机复合体将进入苏醒状态。

我一向有志于从事智能机械行业，希望能研发出具备高度智能化的“机智人”，而非“传统意义上的机器人”。当1000比特的量子计算机产生之时，也许就是“奇点”到来之日，理学院陈教授讲到过量子计算速度之快、能量之大，也许1000比特的量子计算机就能够模拟出人类的意识了。

因此，我的“机智人”极有可能会安装上能产生自我意识的量子大脑。拥有这种“量子大脑”后，“机智人”便会像人类一样具有自我意识，能够根据自身的需要去追求、探索，而不再是根据人类所设定的程序去追求探索人类所需，也就是摆脱人类的设定，去追求探索“他们”自己所需与所求，拥有与人类相同的法律和社会地位。

那时，人工智能真的能够与人类媲美！

17121072

我应该会成为一名哲学家或社会学家。在这样一个机器各方面能力都高于人力的时代，在传统岗位上与机器竞争显然是以卵击石，不自量力。打个比方，无论金融分析师还是搬砖种地的工人农民，在脑力与体力被双重压制的情况下，根本无法提供与机器匹敌的生产力。再厉害的人，拥有再丰富的经验，也只能拜倒在“大数据”云计算的信息处理能力之下。

我认为，在奇点来临之后，只有从事思想领域的相关工作，才有机会“凌驾”于机器之上，并带动社会的发展。

我的日常工作应该是坐在高科技办公室中，享受着机器带来的优质生活，提出各种可能的社会进化方向，并由我的人工智能助手模拟、推演、分析并做出结论，颇有羽扇纶巾、指点江山的感觉。毕竟，说一千道一万，人工智能在我心中最大的缺点就是缺乏“创造”能力，而人工智能一旦拥有创造力，便是一件不可控的恐怖事件。设想科学家研制出最新的人工智能后，该人工智能学会创造，并且在人类不知道的情况下对自己进行升级。这后果不堪设想，甚至就会出现“奴役人类”的结局。所以，人类应该充当人工智能引路者，从整个社会的角度分析人工智能存在的意义与地位。

关于未来的日子，在一部游戏中已被想象得十分透彻。游戏名称为《底特律：成为人类》，讲述了仿生人（人工智能机器人）拥有情感的过程。

17122466

奇点到来之时，我在哪里，在干什么？奇点是一个假想点，是一个既存在又不存在的点，那么，我在哪里呢？大开脑洞，我认为我可能会在宇宙中的某一个星球漫步，坐在一个最合适的地方看日落，通过宇宙黑洞进入到平行时空，寻找着另一个在某处正在干什么的我。或者我正穿着最新科研出的衣服穿梭于大街小巷。那么，当电脑智能与人脑智能相互融合的时刻，我还有可能在哪里，在干什么呢？我有可能正在与我的机器人男朋友旅游，给他讲述中国上下五千年的历史，他对我说着我不知道的事情，此时的他已经拥有产生情感的能力，并且懂得许多人类的生活方式。此时，强人工智能已经出现。世界因为有了AI而变得更加高效，更加丰富多彩，人类因为有了AI而生活得更加幸福，科技因为有了AI而发展得更加迅速，整个地球，都因为有了AI而变得更加生机勃勃。

但有些人会考虑到AI是否会有统治人类的想法，在我的设想中，奇点到来之时，人类与人工智能早已不分高下，并由机器人永远遵守着绝不伤害人类的条律。

在奇点到来之时，人类早已做好了充足的准备，也早已颁布了与机器人有关的法律条例，并主张人类与机器人平等。

这个机器智能与人类智能融合的奇妙时刻，还有多久到来呢？这可能是我们人类一生都要去研究的课题。

17121153

当大部分通识课程还停留在知识介绍的层面时，“人工智能”已不再单纯地进行“知识传递”，课程更多地定位于“引发思考”，我觉得这一理念已经包含了一些为应对未来人工智能时代所带给人类的挑战做准备的意味。

从最开始“图灵到底灵不灵”切入，到后来涉及的人工智能是在图像识别、自动驾驶、集体智慧、机器读片甚至小冰写诗等领域的探讨，基本上每节课都会形成对于人工智能积极与消极的两方观点，虽然不会讨论出一个确定性结果，但是应当承认的是机器在部分体力劳动与脑力劳动上逐渐替代着人类，这种替代有可能会是不可逆的。人工智能在确定性领域的优势也是我们人类不可比的，更重要的是人工智能的发展是迅速的，看起来就像是人工智能在推动着人类智能去发展它自身，形成一种滚雪球效应的发展。

回到奇点问题，虽然我不知道在我的有生之年奇点会不会到来，但是我承认的一点是，在人类历史上有太多人类无法想像的事件都在人类无法想像的时代出现了。随着科技的发展，这种难以想象的事物只会越来越多，并且以越来越快的速度出现。奇点何时出现，不得而知。

拿最后一节课来说，老师提到了量子计算机，也提出了假设能造出1000比特的量子计算机则可能模拟人类“意识”的产生这样的观点。这可怕吗？我觉得不可怕，甚至说是有可能的。

假如奇点到来，我不知道我会在哪、做什么？但我希望我依旧是一个可以产生新鲜念想、拥有创造力的人。上海大学的使命中有“培养能应对未来挑战的人才”，这会使我们的大学四年有个不一样的定位，让自己成为一个不可替代的主体。

我暂且认为，奇点到来，我还是我。

后 记

这是我继《大国方略课程直击》《创新中国课程直击》《经国济民课程直击》之后编撰的第四部“课程直击”书，也是我们团队“四课九书”中的一部。

遥想十年前的此刻，我正在编著我的第一部课堂教学实录书《叩开心灵之门——高校思想政治理论课“项链模式”教与学实录》。前些日子，同事发来微信“鸡汤”——“时间将记录你的一份努力”，我居然当场“喝”了。29年的高校思政课教师生涯，无论每年四个学期轮番滚动的日常教学与其他工作，还是事实上寒暑假永远的“假放”，我日复一日地做着在他人看来重复相同且无趣的事情。今年年初，不慎右手手腕“伤筋动骨”吊了100天石膏，我仍然坚持一线上课上班，坚持左手码字干活……我相信，只要踏实奋斗在本科教学第一线，热爱执着创新，就能“守得云开见月明”。

《人工智能课程直击》和顾骏教授主编的《人与机器：思想人工智能》，是上海大学“人工智能”课程的配套书。它既是上海市思政课名师工作室“顾晓英工作室”和上海市课程思政教学科研示范团队“顾骏团队”的成果，也是上海大学建设一流本科教育的成果。它凝结着师生智慧，既可作为大学生修读同名“人工智能”超星尔雅在线开放课程的参考书著，也可作为兄弟院校教师对接“人工智能”在线课程、实施翻转课堂使用的配套文本。“人工智能”首轮课程由著名社会学教授顾骏担纲课堂主持并主讲，我本人则主要负责课程教学组织和师生服务。以“人工智能”课为开山课升级转型到“育才大工科”，上海大学继续探索课程思政在理工类课程的育人增效，把“人工智能”课程对接到国家战略大背景，从科学家身上的人文精神和科学的价值目标等挖掘课程的思政元素，着力培育未来具有创造力的科学家和工程师，培养能够担当民族复兴大任的时代新人。

作为编著者，我负责全书方案设计和文字编整。本书的主体部分为上下两篇。上篇为课程设计与研究，从一个侧面体现策划团队的开课意义和用心；下篇为10次课程的原生态课堂展示，由“教师说”和“学生说”组成。我简化了“教师说”部分，因为具体内容可点击超星尔雅通识课——“人工智能”在线课程教学视频。10次课程每个专题按照教学顺序编排，配上每次课后的学生反馈等。附录中列出“人工智能”的课程安排、金句集萃、核心团队、教师风采、媒体推广、在线课程、教研项目、异想天开、课程体验、奇点畅想等10个模块，全方位直击课程。其中，新增“异想天开”和“奇点畅想”，让读者检验学生是否已打开脑洞。

本书付梓之际，我要特别感谢社会学院顾骏教授和我的导师忻平教授。是两位老师和我的会间偶遇且有合拍的策划思路才有之后迅速创生的“大国方略”；是“双顾组合”精诚联袂，诞生了“大国方略”“创新中国”“创业人生”“时代音画”“经国济民”和“人工智能”课程；是顾骏教授睿智生花的思想创意和课堂话语激发了系列课程的勃勃生机。

我特别感谢国家杰青张新鹏教授，作为团队骨干、“人工智能”课程负责人，他每周一傍晚为授课教授安排好可口的饭菜和水果，晚上准时出现在课堂，挥洒着有哲思、有情怀的理工男特有的才情。

我特别感谢英国皇家工程院院士、帝国理工学院数据科学研究所所长、上海大学计算机工程与科学学院院长郭毅可教授，他与顾骏教授“强强”对话第一课，让“人工智能”有了惊艳开场，他既严谨又洒脱，带给学生强烈的科学精神和人文情怀的滋养。

我特别感谢所有受邀来到“人工智能”课堂的任课教师，他们是计算机工程与科学学院骆祥峰研究员、武星副教授、李晓强副教授、谢少荣研究员，通信与信息工程学院孙晓岚副教授、王国中教授，体育学院林仪煌副教授，美术学院胡建君副教授，生命科学学院肖俊杰教授，经济学院聂永有教授，机电工程与自动化学院杨扬副研究员、李明研究员，理学院陈玺教授等……17位老师在课堂上展示了德才，启迪了学生，点燃了梦想。他们中有上海市高峰高原学科或强势专业的大牌教授，有多位国家杰青、“万人计划”、领军人才、国家优青、作家……这支融汇人文、理工、经济和艺术的强势学科师资队伍，体现了真正的文理交叉，不仅展示人工智能技术，还有对人工智能的形而上思考。他们是一群快乐的“思政志愿者”。他们用敬业、用热爱、用教书育人的使命感和责任感、用学科成就与家国情怀、用面对人工智能挑战的坦然心态与自信奋斗，激励了学生，感动了我，鞭策我更用心地服务团队、经营课程并认真成书。

我要感谢校内外各级领导和各部门同志，大家默默支持，给予我们创新空间，才有系列课程的精彩，让上海大学思政教育教学创新拥有愈加强大的影响力；我要感谢媒体朋友，是他们用慧眼与妙笔，把系列课程成功推介到四面八方，让成果惠及更多高校，满足更多大学生的期待；我要感谢北京世纪超星信息技术发展有限责任公司，他们用镜头如实随堂记录下“人工智能”课堂的每个细节，完成同名在线课程，让成千上万的高校师生有机会零距离共享网络课程。

走进学生的心灵，生成智慧的课堂。“人工智能”课程从第一课到最后一课，课件的第一页，大字打出的永远是那句话——“你的脑洞足够大，装得下这门课吗？”我们把勇敢面对智能时代的到来，最大程度激发学生主动打开脑洞，勇于想象与创新，“培养担当民族复兴大任的时代新人”作为这门课的教学目标。我关注课堂里我们是否已成功播撒思想的种子，期待用有意义的教育教学打动学生。我更关切的是学生是否改变了“接受”的被动态度，而是主动打开自己的脑洞，找寻他们自己的思考路径……成千上百条学生反馈，原生态地记录了课后学生的学和思。我在及时浏览的同时，还多次与教授们做了分享。从2018年3月“人工智能”开课到成书交稿，我仔细翻阅了课程班微信群中的近2000则帖子、学生期末小结150份，从中挑选部分学生文字（有不少是诗化文字）选编入书，并对全部文字进行统整，尤其是在行文有明显瑕疵的地方做了字句或标点梳理。这些文字是稚嫩的，其中也有不少“弯弯绕”的想法，但显示了学生对课程内容的关注点和关注程度，更反映出学生的价值判断和情感认同状况。

如同《人与机器：思想人工智能》，本书同样有一个技术细节需要稍作说明。本书中经常出现五个互有关联的概念：机器、机器人、计算机、机器智能和人工智能。同英语中相关词语的使用相似，这些概念在内涵上基本相同，但在全书学生反馈及其他附录文字中，会有语义上的细微差异。“人工智能”在本书中使用最多，指的就是“机器智能”，考虑到国内已约定俗成，采用人工智能的居多，所以书中较多地方同时使用了这两种表达方式。

“人工智能”第一季课程班胡啸林、朱帅、李志明、武震秋、张雅翎、吉利、陈楷、李新东、邓云铭、李林峰等同学主动担任课程助理，认真整理了每一课的学生反馈；“创新中国”课程班嵇嘉俊同学帮忙按学号排序反馈；我的研究生李萌整理了“奇点畅想”文字……

书中选用的材料均注明出处，尽可能做到素材“原生态”。任课教师简介均经由教师本人提供并审定。除封面、封二我本人的照片，其余书中选用照片全部出自“人工智能”第一季课堂。

系列课程的运行得益于团队每一位成员的辛勤付出，本书出版得益于上海大学出版社傅玉芳老师及她率领的编辑团队的细致加工，在此深致谢忱！

时间仓促，能力有限，本书难免有谬误之处和不完善的地方，敬请读者批评指正。

顾晓英

2018年8月于上海